龙溪河流域

水生态健康调查评估

LONGXI HE LIUYU

SHUISHENGTAI JIANKANG DIAOCHA PINGGU

主　编｜敖　亮 尹真真

副主编｜闫玉莲 何　羽 张　韵

西南大學出版社

SWUP 国家一级出版社 全国百佳图书出版单位

图书在版编目(CIP)数据

龙溪河流域水生态健康调查评估 / 敖亮, 尹真真主编. -- 重庆 : 西南大学出版社, 2023.11
ISBN 978-7-5697-2056-3

Ⅰ. ①龙… Ⅱ. ①敖… ②尹… Ⅲ. ①流域 - 水环境质量评价 - 重庆 Ⅳ. ①X824

中国国家版本馆CIP数据核字(2023)第209146号

龙溪河流域水生态健康调查评估

LONGXI HE LIUYU SHUISHENGTAI JIANKANG DIAOCHA PINGGU

主　编: 敖　亮　尹真真
副主编: 闫玉莲　何　羽　张　韵

责任编辑: 杜珍辉
责任校对: 朱春玲
特约校对: 郑祖艺
装帧设计: 散点设计
排　　版: 夏　洁
出版发行: 西南大学出版社
地址:重庆市北碚区天生路2号
邮编:400715
印　　刷: 重庆市国丰印务有限责任公司
幅面尺寸: 170 mm×240 mm
印　　张: 13.5
字　　数: 277千字
版　　次: 2023年11月第1版
印　　次: 2023年11月第1次印刷
书　　号: ISBN 978-7-5697-2056-3

定　　价: 68.00元

本书编委会

前言

随着社会经济的发展，水资源利用程度和水污染强度不断提升，水资源供需矛盾日益突出，全国多流域出现了水资源格局人为改变、水体污染、生物多样性下降和生态系统退化等问题，如何科学评估流域生态健康状况，精准识别影响流域生态健康的主要因素逐渐成为热点关注问题。

传统的环境质量评估方法主要是针对水质进行理化监测的，通常只能反映某一时段的水质状况，难以获取断面及流域整体的生态变化情况。由于生物指标能够反映生态系统各结构及层级的相互关系、胁迫累积和变化效应，所以利用水生生物指标来评价河流生态系统的健康状况逐渐得到学术界的广泛认可。鱼类、大型底栖无脊椎动物、浮游动物和藻类是水体生态系统中最重要的水生生物代表类群，影响着水体生态系统中的能量传递、有机物的合成与分解，以及无机物的累积与循环，因此这些物种的生理生态学指标常被作为生态环境状况的指示参数，广泛地应用于水体生态系统健康评价研究中。2013年，环保部印发了《流域生态健康评估技术指南（试行）》（环办函〔2013〕320号）；2020年，水利部印发了《河湖健康评估技术导则》（SL/T 793—2020）。这些文件提出了流域生态健康评估的一般性原则、方法和技术要求，都将大型底栖无脊椎动物、鱼类等生物指标纳入了评估指标体系。国内学者在此基础上开展了大量研究，为各大流域以及城市局部水域的生态健康评估工作积累了大量实例和经验。根据各个水域实际情况构建的评估指标体系不尽相同，但河流自然特征、水文水质、水生物状况等指标基本都入选了评估指标体系，是评价流域生态健康与否的重要参数。

本书以《流域生态健康评估技术指南(试行)》(以下简称《指南》)为基础,通过开展水环境、水资源、水生态以及水生境等一系列调查,构建龙溪河流域水生态健康评估框架,并应用《指南》的评估方法进行验证。评估工作可为三峡库区其他支流的水生态健康评估提供理论和方法,亦可为流域生态系统管理提供技术支撑和决策依据,还可为国内其他流域的水生态健康评估提供参考和借鉴。

目录
CONTENTS

第一章 总 论

第二章 流域自然和社会经济现状

第三章 流域水域生态系统现状调查

第四章 陆域生态系统现状调查

第五章 流域生态健康综合评估

第六章 流域生态健康问题识别

第七章 对策与建议

第一章
总 论

1.1 项目背景

党的十八大以来，党中央把生态文明建设摆在中国特色社会主义“五位一体”总体布局的战略高度，大力推进。随着污染防治攻坚战的逐步实施，我国各大流域的水污染问题基本得到解决，水环境理化指标已经接近或者达到中等发达国家水平，但区域生态系统失衡、生物多样性下降等问题还普遍存在。“十四五”生态文明建设对人与自然和谐发展提出更高要求，单一的环境质量要素评价已经不能客观反映水域生态系统的健康状况，“十四五”《重点流域水生态环境保护规划》将流域生态健康状况作为重点考核目标，把开展流域生态健康调查与评估提上了日程。重庆市地处三峡库区核心地带，是长江上游重要的生态屏障，对长江中下游地区生态安全发挥着不可替代的作用。开展重点流域生态健康评估，探索建立具有三峡库区流域特点的生态健康评估指标体系，对推动三峡库区生态文明建设具有重要的现实意义。

1.2 编制依据

1.2.1 法律法规

(1)《中华人民共和国长江保护法》(2021年3月1日起施行)；

(2)《中华人民共和国水法》(2016年7月2日修订)；

(3)《中华人民共和国环境保护法》(2014年4月24日修订)；

(4)《中华人民共和国水污染防治法》(2017年6月27日修订)；

(5)《中华人民共和国河道管理条例》(2018年3月19日修订)；

(6)《中华人民共和国水土保持法》(2010年12月25日修订)；

(7)《中华人民共和国森林法》(2019年12月28日修订);
(8)《水功能区监督管理办法》(2017年4月1日起施行);
(9)《入河排污口监督管理办法》(2015年12月16日修订);
(10)《城镇排水与污水处理条例》(2013年9月18日修订);
(11)《重庆市环境保护条例》(2022年9月28日第三次修正);
(12)《重庆市水污染防治条例》(2020年10月1日起施行);
(13)《重庆市河道采砂管理办法》(2017年2月1日起施行);
(14)《重庆市河道管理条例》(2022年9月28日修订);
(15)《重庆市水利工程管理条例》(2019年12月1日起施行);
(16)《重庆市水资源管理条例》(2018年7月26日第三次修正)。

1.2.2 技术标准及相关文件

(1)《国务院关于实行最严格水资源管理制度的意见》(国发〔2012〕3号);

(2)《流域生态健康评估技术指南(试行)》(环办函〔2013〕320号);

(3)《河湖健康评估技术导则》(SL/T 793—2020);

(4)《全国生态状况调查评估技术规范——生态系统质量评估》(HJ 1172—2021);

(5)《地表水和污水监测技术规范》(HJ/T 91—2002);

(6)《水华遥感与地面监测评价技术规范(试行)》(HJ 1098—2020);

(7)《全国淡水生物物种资源调查技术规定(试行)》(环境保护部公告2010年第27号);

(8)《地表水环境质量评价办法(试行)》(环办〔2011〕22号);

(9)《生物多样性观测技术导则 水生维管植物》(HJ 710.12—2016);

(10)《长江流域综合规划(2012—2030年)》;

(11)《重庆市国民经济和社会发展第十四个五年规划和二〇三五年远景目标纲要》;

(12)《重庆市筑牢长江上游重要生态屏障“十四五”建设规划(2021—2025年)》(渝府发〔2021〕12号);

(13)《重庆市生态功能区划》(修编);

(14)《长江重庆段“两岸青山·千里林带”规划建设实施方案》(渝府办发〔2020〕137号);

(15)《重庆市水土保持规划(2016—2030年)》;

1.3 技术路线

龙溪河流域水生态健康调查评估技术路线图见图1.3-1。

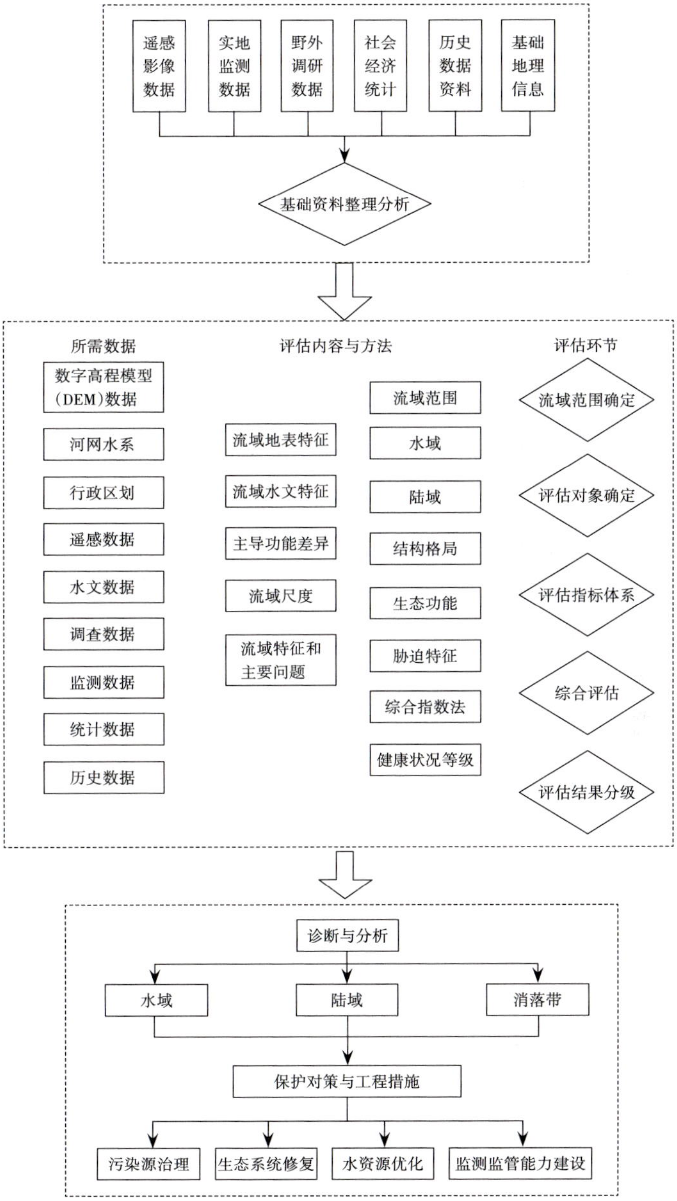

图1.3-1　龙溪河流域水生态健康调查评估技术路线图

1.4 评估原则

(1)科学系统性原则。从流域整体出发,科学系统表征流域的水域和陆域生态系统结构、生态系统服务功能状况和遭受的自然或人为干扰压力,通过其综合效应全面刻画流域生态健康状况。

(2)主导生态功能原则。流域的生态特征和主导生态功能具有显著地域差异,评估内容和指标充分体现流域主导功能。

(3)客观、可操作性原则。能够切实反映流域生态系统的健康状况,并具有可操作性。

(4)综合性原则。结合流域自然与社会经济发展状况,多因素综合诊断流域生态健康状况。

1.5 评估范围及子流域划分

此次生态健康评估范围为龙溪河全流域,涉及梁平、垫江、长寿和忠县等4个区县56个镇街,具体镇街名单见表1.5-1。

表1.5-1　龙溪河流域涉区县及镇街

区县	镇街/个	镇街名单
梁平	15	梁山街道、双桂街道、金带街道、星桥镇、安胜镇、礼让镇、仁贤街道、明达镇、竹山镇、荫平镇、云龙镇、和林镇、聚奎镇、屏锦镇、回龙镇
垫江	26	桂溪街道、桂阳街道、曹回镇、沙坪镇、普顺镇、周嘉镇、永安镇、新民镇、长龙镇、黄沙镇、太平镇、高安镇、高峰镇、五洞镇、澄溪镇、沙河乡、砚台镇、包家镇、永平镇、杠家镇、大石乡、裴兴镇、鹤游镇、坪山镇、三溪镇、白家镇
长寿	12	渡舟街道、凤城街道、菩提街道、海棠镇、云台镇、石堰镇、双龙镇、云集镇、长寿湖镇、龙河镇、邻封镇、但渡镇
忠县	3	双桂镇、新立镇、花桥镇

此次评估基于ArcGIS软件的空间水文分析模块(Hydrology Modeling)来完成流域控制单元(子流域)的划分。以流域范围内的最小自然单元(集水区域)为基础,根据流域自然条件的一致性和相似性特征进行最小自然单元的合并;综合考虑流域自然地理单元、行政区划管理单元与流域环境管理单元的空间叠置关系及其组合的一致性;以自然地理单元为主,结合行政区划管理单元,控制单元的大小基本与乡镇行政区划保持一致。根据上述方法将龙溪河流域划分为7个控制单元,即7个子流域,详见表1.5-2和图1.5-1。

表1.5-2 龙溪河流域控制单元划分情况

控制单元	涵盖镇街名单
子流域1	星桥镇、安胜镇、仁贤街道、明达镇、礼让镇、梁山街道、双桂街道、金带街道
子流域2	竹山镇、聚奎镇、屏锦镇、和林镇、云龙镇、荫平镇
子流域3	回龙镇、沙坪镇、周嘉镇、桂阳街道、桂溪街道、新民镇、曹回镇、普顺镇、永安镇
子流域4	长龙镇、黄沙镇、太平镇、澄溪镇、五洞镇、高安镇、高峰镇
子流域5	花桥镇、新立镇、双桂镇、沙河乡、大石乡、杠家镇、裴兴镇、永平镇、砚台镇、包家镇、海棠镇、云台镇、石堰镇
子流域6	鹤游镇、坪山镇、三溪镇、白家镇、云集镇、龙河镇、双龙镇、长寿湖镇
子流域7	邻封镇、但渡镇、渡舟街道、菩提街道、凤城街道

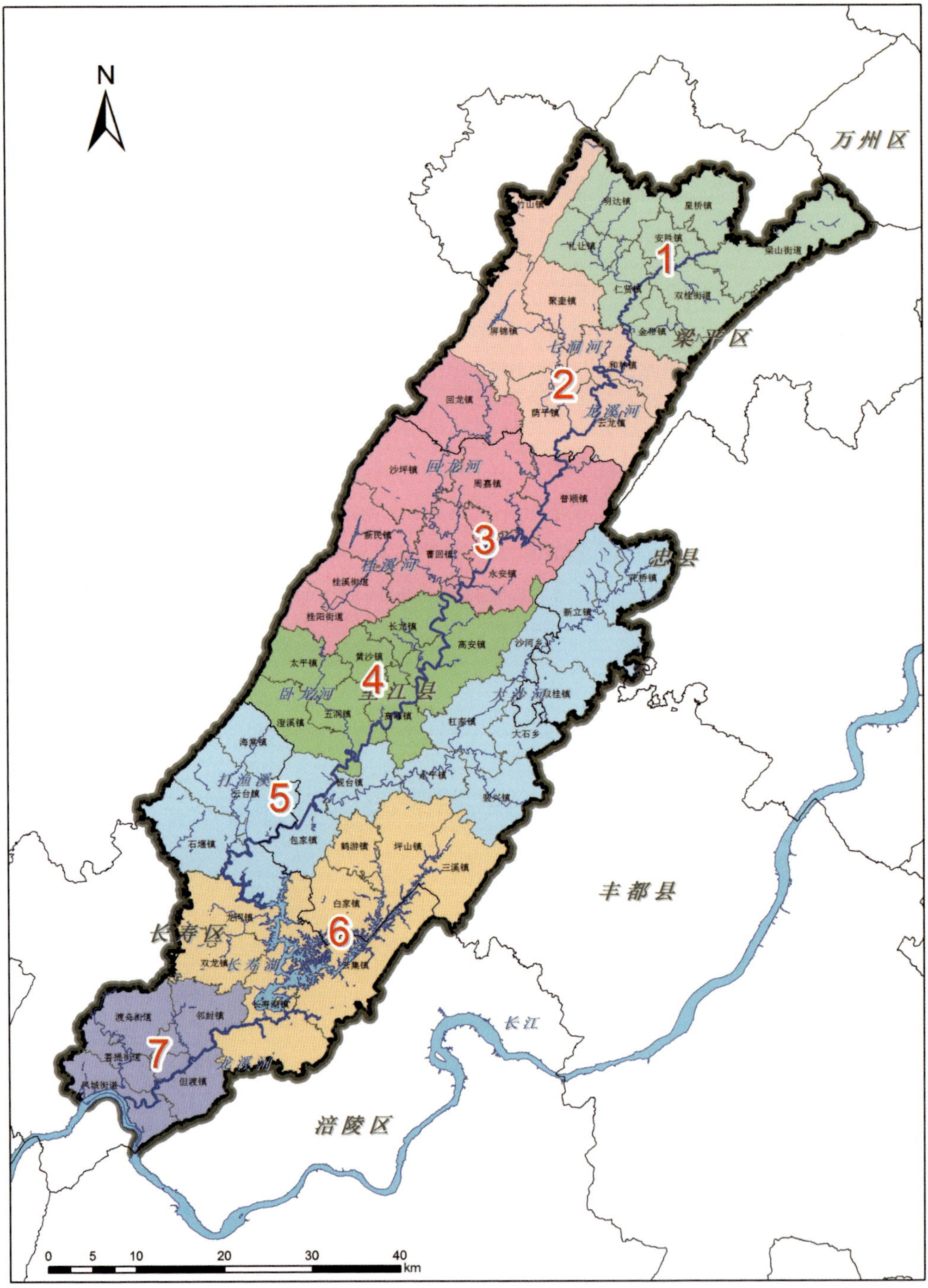

图 1.5-1　龙溪河流域控制单元划分示意图

1.6 流域生态健康评估方法

本次龙溪河流域生态健康评估参考《流域生态健康评估技术指南(试行)》中推荐的方法,通过对流域进行水域、陆域和消落带的调查监测、现场查勘、资料收集、遥感解译、数据分析等,获取流域物理形态、水文水质、水生生物等资料,结合三峡库区流域特色,筛选能体现流域生态格局、生态功能和生态压力等方面的指标,建立龙溪河流域生态健康评估指标体系,并采用综合指数法开展流域生态健康综合评估。

1.6.1 指标体系

根据《流域生态健康评估技术指南(试行)》可知,水域面积大于50 km^2的湖泊、水库应开展消落带调查,龙溪河流域长寿湖湖区面积约65 km^2,需单独对其消落带开展评估。龙溪河流域生态健康评估指标体系由水域8项指标、陆域8项指标、消落带6项指标,共计22项指标构成,见表1.6-1。评估指标权重确定采用层次分析法,分评估对象、指标类型和评估指标3个层次。

表1.6-1 流域生态健康评估指标体系(含消落带)

<table>
<tr><th>评估对象(权重)</th><th>指标类型(权重)</th><th>评估指标</th><th>指标权重</th></tr>
<tr><td rowspan="8">水域
0.4(0.40)</td><td rowspan="3">生境结构
(0.4)</td><td>水质状况指数</td><td>0.4</td></tr>
<tr><td>枯水期径流量占同期年均径流量比例</td><td>0.3</td></tr>
<tr><td>河道连通性</td><td>0.3</td></tr>
<tr><td rowspan="3">水生生物
(0.3)</td><td>大型底栖动物多样性综合指数</td><td>0.4</td></tr>
<tr><td>鱼类物种多样性综合指数</td><td>0.4</td></tr>
<tr><td>特有性或指示性物种保持率</td><td>0.2</td></tr>
<tr><td rowspan="2">生态压力
(0.3)</td><td>水资源开发利用强度</td><td>0.5</td></tr>
<tr><td>水生生境干扰指数</td><td>0.5</td></tr>
<tr><td rowspan="6">陆域
0.6(0.45)</td><td rowspan="3">生态格局
(0.3)</td><td>森林覆盖率</td><td>0.2(0.6)</td></tr>
<tr><td>景观破碎度</td><td>0.2(0.4)</td></tr>
<tr><td>重要生境保持率*</td><td>0.6</td></tr>
<tr><td rowspan="3">生态功能
(0.3)</td><td>水源涵养功能指数</td><td>0.4</td></tr>
<tr><td>土壤保持功能指数</td><td>0.3</td></tr>
<tr><td>受保护地区面积占陆域总面积比例</td><td>0.3</td></tr>
</table>

续表

评估对象(权重)	指标类型(权重)	评估指标	指标权重
陆域 0.6(0.45)	生态压力 (0.4)	建设用地比例	0.4
		污染负荷排放指数	0.6
消落带 (0.15)	生态结构 (0.4)	自然植被比例	0.6
		自然岸堤比例	0.4
	生态功能 (0.3)	污染阻滞功能指数	0.5
		生物多样性保护功能指数	0.5
	生态压力 (0.3)	人为干扰指数	0.6
		湿地退化指数	0.4

备注:*当子流域含消落带时,重要生境保持率指标取消,由消落带指标代替;部分指标权重为括号中取值;该表由《流域生态健康评估技术指南(试行)》中指标体系表整理所得。

1.6.1.1 水域指标

(1)水质状况指数。

水质状况指数为流域Ⅲ类及以上等级水质监测断面数占流域全部监测断面数的比例。湖泊水库型流域需增加富营养化指数评价。

计算方法:水质状况指数 = 流域Ⅲ类及以上等级水质监测断面数 / 流域全部监测断面数。

富营养化指数评价参考中国环境监测总站《湖泊(水库)富营养化评价方法及分级技术规定》(总站生字〔2001〕090 号)文件,流域水质状况指数分级标准及赋分见表 1.6-2。

表 1.6-2　流域水质状况指数分级标准及赋分

指标内容	分级标准及赋分				
	优秀	良好	一般	较差	差
	$N \geq 80$	$60 \leq N < 80$	$40 \leq N < 60$	$20 \leq N < 40$	$N < 20$
水质状况指数 / %	≥80	60—＜80	40—＜60	20—＜40	＜20
富营养化指数	＜30	30—50	＞50—60	＞60—70	>70

备注:N 为赋分。

(2)枯水期径流量占同期年均径流量比例。

枯水期径流量占同期年均径流量比例可反映流域(调洪)补枯的功能,衡量河流生态需水量的满足程度。

计算方法：枯水期径流量占同期年均径流量比例=枯水期径流量/同期年均径流量。流域枯水期径流量占同期年均径流量比例分级标准及赋分见表1.6–3。

表1.6–3 流域枯水期径流量占同期年均径流量比例分级标准及赋分

指标内容	分级标准及赋分				
	优秀	良好	一般	较差	差
	$N≥80$	$60≤N<80$	$40≤N<60$	$20≤N<40$	$N<20$
枯水期径流量占同期年均径流量比例	≥1.3	1.1—<1.3	0.9—<1.1	0.7—<0.9	<0.7

（3）河道连通性。

河道连通性是指自然河道的连通状况。自然河道受人类活动影响，尤其是水电站、大坝及其他水利工程修建的干扰，使得河流上下游的纵向连续性中断，对其自净能力以及生物洄游通道产生不利影响。可利用每百公里（千米）河道的闸坝个数评估河道的连通性。流域河道连通性分级标准及赋分见表1.6–4。

计算方法：河道连通性 =（闸坝、水电站等水利工程个数）/ 百公里数。

表1.6–4 流域河道连通性分级标准及赋分

指标内容		分级标准及赋分				
		优秀	良好	一般	较差	差
		$N≥80$	$60≤N<80$	$40≤N<60$	$20≤N<40$	$N<20$
河道连通性	山区、丘陵区	<3	3—<8	8—<10	10—<20	≥20
	平原区	<1	1—<3	3—<5	5—<10	≥10

（4）大型底栖动物多样性综合指数。

选取反映大型底栖动物多样性的多项指标进行综合评估，表征大型底栖动物的物种完整性状况。利用指标包括：（a）大型底栖动物分类单元数；（b）大型底栖动物EPT科级分类单元比；（c）大型底栖动物BMWP指数；（d）大型底栖动物Berger–Parker优势度指数。首先进行指标的标准化，然后计算4项指标的算术平均和。

计算方法：

A.大型底栖动物分类单元数（S），即根据鉴定水平，某样点样品中出现的所有大型底栖动物分类单元数。

B.大型底栖动物EPT科级分类单元比（EPTr–F），即：某样点样品中出现的大型底栖动物蜉蝣目（E）、襀翅目（P）和毛翅目（T）三目昆虫科级分类单元数在该样品中科级分类单元总数中所占的比例。

C. 大型底栖动物BMWP指数(I_{BMWP}):

$$I_{\mathrm{BMWP}} = \sum t_i$$

式中,t_i指某样点样品中大型底栖动物第i物种基于科一级分类阶元的敏感值。

D. 大型底栖动物Berger-Parker优势度指数(D)

$$D = N_{\max}/N$$

式中:$N_{\max}$为某样点样品中优势种的个体数;N为大型底栖动物鉴定分类水平下所有个体数。

标准化公式:

A. $S = \dfrac{\text{measured} - 5\%\ \text{quantile}}{95\%\ \text{quantile} - 5\%\ \text{quantile}}$;

B. 大型底栖动物EPT科级分类单元比(EPTr-F)标准化公式:

EPT-山区:

EPTr-F>0.48, EPTr = 1.0;

EPTr-F < 0.48, $\mathrm{EPTr} = 0.0297\mathrm{e}^{7.2601\left(\frac{\mathrm{EPT}}{\mathrm{total}}\right)}$

EPT-丘陵区:

EPTr-F>0.36, EPTr = 1.0;

EPTr-F < 0.36, $\mathrm{EPTr} = 0.0364\mathrm{e}^{9.1382\left(\frac{\mathrm{EPT}}{\mathrm{total}}\right)}$

EPT-平原区:

EPTr-F>0.17, EPTr = 1.0;

EPTr-F < 0.17, $\mathrm{EPTr} = 0.0271\mathrm{e}^{20.635\left(\frac{\mathrm{EPT}}{\mathrm{total}}\right)}$;

C. $I_{\mathrm{BMWP}} = \dfrac{\text{measured} - \min}{\max - \min}$;

D. $D = \dfrac{95\%\ \text{quantile} - \text{measured}}{95\%\ \text{quantile} - 5\%\ \text{quantile}}$。

其中,measured指任何一个指标在样点实际数据的检测值;5% quantile指任何一个指标检测数据5%的分位数值;95% quantile指任何一个指标检测数据95%的分位数值;EPTr为标准化数值;BMWP标准化公式中的最小值为0,最大值在山区为131,在丘陵平原区为81。流域大型底栖动物多样性综合指数分级标准及赋分见表1.6-5。

表1.6-5 流域大型底栖动物多样性综合指数分级标准及赋分

指标内容	分级标准及赋分				
	优秀	良好	一般	较差	差
	$N \geq 80$	$60 \leq N < 80$	$40 \leq N < 60$	$20 \leq N < 40$	$N < 20$
大型底栖动物多样性综合指数	0.8—1.0	0.6—<0.8	0.4—<0.6	0.2—<0.4	0—<0.2

(5)鱼类物种多样性综合指数。

选取反映鱼类物种多样性的多项指标进行综合评估，表征鱼类的物种完整性状况。利用指标包括:(a)鱼类总分类单元数;(b)鱼类香农—威纳多样性指数;(c)鱼类Berger-Parker优势度指数。首先进行指标的标准化，然后计算3项指标的算术平均和。

计算方法:

A.鱼类总分类单元数(S)，即某样点中出现的所有鱼类物种数。

B.鱼类香农—威纳多样性指数(H)

$$H=-\sum_{i}^{s}P_i\log_2 P_i$$

式中，H是某群落多样性指数;s是某群落中出现的所有物种数;P_i是样点中第i种的个体比例。

C.鱼类Berger-Parker优势度指数(D)

$$D=N_{max}/N$$

式中:N_{max}为样点中优势种的个体数;N为样点中全部物种的个体数。

标准化公式:

$$S=\frac{\text{measured}-5\%\ \text{quantile}}{95\%\ \text{quantile}-5\%\ \text{quantile}}$$

$$H=\frac{\text{measured}-0}{3-0}$$

$$D=\frac{95\%\ \text{quantile}-\text{measured}}{95\%\ \text{quantile}-5\%\ \text{quantile}}$$

其中，measured指任何一个指标在样点实际数据的检测值;5% quantile指任何一个指标检测数据5%的分位数值;95% quantile指任何一个指标检测数据95%的分位数值。流域鱼类物种多样性综合指数分级标准及赋分见表1.6-6。

表 1.6-6　流域鱼类物种多样性综合指数分级标准及赋分

指标内容	分级标准及赋分				
	优秀	良好	一般	较差	差
	$N \geq 80$	$60 \leq N < 80$	$40 \leq N < 60$	$20 \leq N < 40$	$N < 20$
鱼类物种多样性综合指数	0.8—1.0	0.6—＜0.8	0.4—＜0.6	0.2—＜0.4	0—＜0.2

(6)特有性或指示性物种保持率。

反映河流特有性、指示性物种以及珍稀濒危物种的保护状况。以历史水平数据为基准,进行对比分析,其分级标准及赋分见表 1.6-7。

计算方法:根据水生物调查或问卷统计获取。

表 1.6-7　流域特有性或指示性物种保持率分级标准及赋分

指标内容	分级标准及赋分				
	优秀	良好	一般	较差	差
	$N \geq 80$	$60 \leq N < 80$	$40 \leq N < 60$	$20 \leq N < 40$	$N < 20$
特有性或指示性物种保持率	大量增加	稍有增加	无变化	稍有减少	大量减少

(7)水资源开发利用强度。

反映流域水资源的开发利用程度,根据区域工业、农业、生活、环境等用水量占评估区域的水资源总量比值进行评估。根据国际惯例,通常认为一条河流的开发利用不能超过其水资源量的40%。由于我国水资源分布极不均衡,水资源开发利用率地区差异显著,可根据当地水资源特征对分级标准进行适当调整。

计算方法:水资源开发利用强度 = 区域工业、农业、生活、环境等用水量 / 区域水资源总量×100%。

区域水资源总量指区域在一定时段内地表水资源与地下水资源补给的有效数量总和,即扣除河川径流与地下水重复计算部分。流域水资源开发利用强度分级标准及赋分见表 1.6-8。

表 1.6-8　流域水资源开发利用强度分级标准及赋分

指标内容	分级标准及赋分				
	优秀	良好	一般	较差	差
	$N \geq 80$	$60 \leq N < 80$	$40 \leq N < 60$	$20 \leq N < 40$	$N < 20$
水资源开发利用强度 / %	＜20	20—＜35	35—＜45	45—＜60	≥60

(8)水生生境干扰指数。

反映水域生境遭到人为挖砂、航运、旅游等活动破坏的状况。当水域生态系统有外来物种入侵现象时,需增加外来物种入侵率指标。

计算方法:

$$水生生境干扰指数 = \sum_{i=1}^{n} H_i \omega_i$$

H_i表示第i项指标健康分值,ω_i表示第i项指标权重。其中i为3时,权重见表1.6-9。

表1.6-9　流域水生生境干扰指数分级标准及赋分

指标内容	指标及权重	分级标准及赋分				
		优秀	良好	一般	较差	差
		$N \geq 80$	$60 \leq N < 80$	$40 \leq N < 60$	$20 \leq N < 40$	$N < 20$
水生生境干扰指数(0.8)	挖砂(0.2)	无	极少	部分区域可见	常见	严重
	航运交通及涉水旅游(0.2)	无	极少	部分区域可见	常见	严重
	网箱养殖(0.6)	无	极少	部分区域可见	常见	严重
外来物种入侵率(0.2)	外来物种种类/数量/比例	大量减少	稍有减少	无变化	稍有增加	大量增加

1.6.1.2 **陆域指标**

(1)森林覆盖率。

森林覆盖率是指单位面积内森林的垂直投影面积所占百分比。森林覆盖率是衡量地表植被群落及生态系统的重要参数,森林覆盖率越高,生态系统的物理结构稳定性越好,有利于流域的生态系统保护,其分级标准及赋分见表1.6-10。荒漠、高寒区或草原区以林草覆盖率替代森林覆盖率。

计算方法:森林覆盖率 = 森林面积(荒漠、高寒区或草原区以林草面积替代)/陆域面积×100%。

表 1.6-10　森林覆盖率分级标准及赋分

指标内容		分级标准及赋分				
		优秀	良好	一般	较差	差
		$N\geq 80$	$60\leq N<80$	$40\leq N<60$	$20\leq N<40$	$N<20$
森林覆盖率 / %	山区	≥75	65—<75	55—<65	45—<55	<45
	丘陵区	≥45	35—<45	25—<35	15—<25	<15
	平原区	≥18	15—<18	12—<15	8—<12	<8
	荒漠、高寒区或草原区	≥90	85—<90	80—<85	75—<80	<75

（2）景观破碎度。

景观破碎度反映陆域自然生态系统的完整性状况和景观格局条件，是生态系统稳定性的一方面，其分级标准及赋分见表 1.6-11。

计算方法：

$$C_i = N_i / A_i$$

式中 C_i 为景观破碎度，N_i 为森林、草地等自然植被斑块数，A_i 为陆域的总面积。

表 1.6-11　景观破碎度分级标准及赋分

指标内容	分级标准及赋分				
	优秀	良好	一般	较差	差
	$N\geq 80$	$60\leq N<80$	$40\leq N<60$	$20\leq N<40$	$N<20$
景观破碎度（标准化值）	<0.2	0.2—<0.4	0.4—<0.6	0.6—<0.8	≥0.8

（3）重要生境保持率。

重要生境指河流湖库的岸带，具有维持生物多样性、净化水体、稳定河岸、调节微气候和美化环境等重要生态功能。近年来，由于遭到围垦、建设用地侵占等人类活动干扰，岸带的自然植被和湿地大面积减少，生态功能退化，严重影响流域生态健康。因此，本评估选择重要生境保持率来反映流域岸带的生态健康状况。

重要生境范围的确定：以平水期河流水位为起始边界，丘陵山区两侧向外延伸各 20 m、平原区两侧向外延伸各 100 m 作为评估范围；具体流域可根据河流宽度和流经地形，适当调整评估边界，原则上不超出以上范围的上下限。

计算方法：

重要生境保持率=自然植被结构完整性指数×0.7+自然堤岸比例分值×0.3；

自然植被结构完整性指数=(生态系统类型分值×该类型面积)/重要生境评估总面积×100%；

自然堤岸比例 = 自然堤岸河段长度 / 评估河段总长度×100%。

生态系统类型分值参见表1.6-12,重要生境保持率分级标准及赋分见表1.6-13。

表1.6-12　生态系统类型分值参考

分值参考	生态系统类型			
	自然植被、湿地	人工植被	农田	建设用地
	1.0	0.6	0.3	0.1

表1.6-13　重要生境保持率分级标准及赋分

指标内容	分级标准及赋分				
	优秀	良好	一般	较差	差
	$N\geqslant80$	$60\leqslant N<80$	$40\leqslant N<60$	$20\leqslant N<40$	$N<20$
自然堤岸比例 / %(0.3)	90—100	80—<90	70—<80	50—<70	0—<50
自然植被结构完整性指数/ %(0.7)	80—100	60—<80	40—<60	20—<40	0—<20

(4)水源涵养功能指数。

水源涵养功能是生态系统多个水文过程及水文效应的综合表现,反映了生态系统拦蓄降水或调节河川径流量的能力,水源涵养功能的强弱是流域生态健康程度的重要表现之一。水源涵养功能保持较好,流域生态健康程度就高,反之则低。

计算方法:

$$\text{水源涵养功能指数}=\sum_{i=1}^{n} H_i\omega_i$$

H_i表示第i项指标健康分值,ω_i表示第i项指标权重。其中i为3时,指标分级标准及赋分见表1.6-14。

植被覆盖度:陆域植被覆盖度越高,其初级生产力越高,生态系统的物理结构稳定性越好,有利于流域的生态系统保护。

计算公式:通常用归一化植被指数(I_{NDVI})来计算植被覆盖度。

根据像元二分模型理论,植被覆盖度计算模型为:

$$F_{\mathrm{c}}=\frac{I_{\mathrm{NDVI}}-I_{\mathrm{NDVI\ soil}}}{I_{\mathrm{NDVI\ veg}}-I_{\mathrm{NDVI\ soil}}}$$

式中F_{c}是植被覆盖度,I_{NDVIveg}是纯植被像元的NDVI值,$I_{\mathrm{NDVI\ soil}}$是完全无植被覆盖像元的NDVI值。

表 1.6-14　水源涵养功能指数分级标准及赋分

指标及权重	分级标准及赋分				
	优秀	良好	一般	较差	差
	$N \geq 80$	$60 \leq N < 80$	$40 \leq N < 60$	$20 \leq N < 40$	$N < 20$
植被覆盖率/%(0.4)	80—100	60—<80	40—<60	20—<40	0—<20
植被类型(0.4)	湿地	森林、灌木	草地	耕地	其他
不透水面面积/%(0.2)	0—<3	3—<5	5—<10	10—<20	≥20

不透水面即水不能通过其下渗到地表以下的人工地貌物质。

(5)土壤保持功能指数。

土壤侵蚀是植被、土壤、地形、土地利用以及气候等因素共同作用的结果。土壤侵蚀导致水土流失加剧，土壤退化，农业生产受损，加剧洪涝灾害的发生，从而威胁流域的生态健康。本评估利用通用水土流失方程(USLE)进行土壤侵蚀模拟预测，计算中度及以上程度土壤侵蚀面积比例。

计算方法：土壤保持功能指数=中度及以上程度土壤侵蚀面积/陆域面积×100%。

土壤保持功能指数分级标准及赋分见表 1.6-15。

表 1.6-15　土壤保持功能指数分级标准及赋分

指标内容	分级标准及赋分				
	优秀	良好	一般	较差	差
	$N \geq 80$	$60 \leq N < 80$	$40 \leq N < 60$	$20 \leq N < 40$	$N < 20$
土壤保持功能指数/%	<10	10—<20	20—<30	30—<40	≥40

(6)受保护地区面积占陆域总面积比例。

受保护地区包括各类(级)自然保护区、风景名胜区、森林公园、地质公园、生态功能保护区、水源保护区、封山育林地等，可用受保护地区面积与研究区内陆域总面积的比值表示流域的受保护程度，其是流域生态健康评估的重要指标之一。

计算方法：

$$S = \sum_{i=1}^{n} A_n / S_{TA}$$

S为受保护地区面积占陆域总面积的比例；A_n为受保护地区面积；S_{TA}为研究区内陆域总面积。受保护地区面积占陆域总面积比例分级标准及赋分见表 1.6-16。

表 1.6-16 受保护地区面积占陆域总面积比例分级标准及赋分

指标内容		分级标准及赋分				
		优秀	良好	一般	较差	差
		$N \geq 80$	$60 \leq N < 80$	$40 \leq N < 60$	$20 \leq N < 40$	$N < 20$
受保护地区面积占陆域总面积比例 / %	平原流域	≥20	15—<20	10—<15	5—<10	<5
	山区及丘陵区	≥25	20—<25	15—<20	10—<15	<10

(7)建设用地比例。

建设用地是受人类直接影响和长期作用使自然面貌发生明显变化的人为景观,对陆域以及流域的自然生态系统物质循环和能量流动产生较大阻碍,建设用地比例反映陆域的人为景观空间组成及格局状况。建设用地比例分级标准及赋分见表 1.6-17。

计算方法:建设用地比例=建设用地面积 / 陆域总面积×100%。

表 1.6-17 建设用地比例分级标准及赋分

指标内容	分级标准及赋分				
	优秀	良好	一般	较差	差
	$N \geq 80$	$60 \leq N < 80$	$40 \leq N < 60$	$20 \leq N < 40$	$N < 20$
建设用地比例/%	<10	10—<20	20—<30	30—<40	≥40

(8)污染负荷排放指数。

流域人类活动所排放的污染物是影响河流生态系统健康的重要因素之一。“十一五”以来,为了提高流域水环境质量,我国开展了水污染物减排工作。为能够更好地与该项工作进行衔接,本评估以各地市(区、县)目标排放量作为满足河流生态健康需求的阶段性总量控制目标,基于化学需氧量(COD)和氨氮(NH_3-N)的排放量进行计算。

计算方法:污染负荷排放指数=0.5×化学需氧量排放量/化学需氧量目标排放量+0.5×氨氮的排放量/氨氮的目标排放量。

其中,化学需氧量、氨氮的排放量为流域内点源和面源排放量之和,点源包括城镇生活污染源、工业污染源,面源包括畜禽养殖污染源、农村生活污染源以及种植污染源,单位为t/a。污染负荷排放指数分级标准及赋分见表 1.6-18。

表 1.6-18　污染负荷排放指数分级标准及赋分

指标内容	分级标准及赋分				
	优秀	良好	一般	较差	差
	N≥80	60≤N＜80	40≤N＜60	20≤N＜40	N＜20
污染负荷排放指数	＜0.5	0.5—＜0.9	0.9—＜1.1	1.1—＜1.5	≥1.5

1.6.1.3 消落带指标

（1）消落带自然植被比例。

消落带区域的林草自然植被比例反映生态系统的结构完整性状况和生境条件，是生态系统稳定性的一方面。自然植被比例越高，其物理结构的稳定性越好。消落带自然植被比例分级标准及赋分见表 1.6-19。

计算方法：消落带自然植被比例=（森林、草地等自然植被面积）/湖库消落带面积×100%。

表 1.6-19　消落带自然植被比例分级标准及赋分

指标内容	分级标准及赋分				
	优秀	良好	一般	较差	差
	N≥80	60≤N＜80	40≤N＜60	20≤N＜40	N＜20
自然植被比例 / %	≥80	60—＜80	40—＜60	20—＜40	＜20

（2）消落带自然岸堤比例。

受人工固化及其他工程修建等人类活动干扰，自然岸堤比例减少，使得消落带的近自然状况较差，影响其调蓄洪水和稳定岸堤的生态功能发挥。消落带自然堤岸比例分级标准及赋分见表 1.6-20。

计算方法：消落带自然岸堤比例 = 自然岸堤河段长度 / 消落带岸堤总长度×100%。

表 1.6-20　消落带自然堤岸比例分级标准及赋分

指标内容	分级标准及赋分				
	优秀	良好	一般	较差	差
	N≥80	60≤N＜80	40≤N＜60	20≤N＜40	N＜20
消落带自然堤岸比例/%	≥90	80—＜90	70—＜80	50—＜70	＜50

（3）消落带污染阻滞功能指数。

消落带的生态系统类型不同，阻滞污染物、维持河流健康的能力有所差异，本评估通过消落带的生态系统覆盖类型表征其纳污阻隔作用的强弱。

计算方法：消落带污染阻滞功能指数=(生态系统类型分值×该类型面积)/消落带面积×100%。

消落带生态系统类型及参考分值见表1.6–21，消落带污染阻滞功能指数分级标准及赋分见表1.6–22。

表1.6–21　消落带生态系统类型及参考分值

消落带生态系统类型	自然植被、湿地	人工植被	农田	硬化人工表面
参考分值	1.0	0.6	0.3	0

表1.6–22　消落带污染阻滞功能指数分级标准及赋分

指标内容	分级标准及赋分				
	优秀	良好	一般	较差	差
	$N \geq 80$	$60 \leq N < 80$	$40 \leq N < 60$	$20 \leq N < 40$	$N < 20$
消落带污染阻滞功能指数 / %	≥80	60—＜80	40—＜60	20—＜40	＜20

(4)消落带生物多样性功能指数。

消落带具有重要的生物多样性保护功能，本评估通过比较历史水平数据分析消落带的两栖动物、湿地鸟类数量的变化状况，以反映岸带生物多样性保护功能的健康状况。

计算方法：

$$H_i=\sum_{i=1}^{n} H_i \omega_i$$

H_i表示第i项指标健康分值，ω_i表示第i项指标权重，其中i为2时，指标分级标准及赋分见表1.6–23。

表1.6–23　消落带生物多样性功能指数分级标准及赋分

指标及权重	分级标准及赋分				
	优秀	良好	一般	较差	差
	$N \geq 80$	$60 \leq N < 80$	$40 \leq N < 60$	$20 \leq N < 40$	$N < 20$
两栖动物数量(0.5)	大量增加	稍有增加	无变化	稍有减少	大量减少
鸟类数量(0.5)	大量增加	稍有增加	无变化	稍有减少	大量减少

(5)消落带人为干扰指数。

消落带人为活动造成地表硬化和农业污染，对水域健康有较大影响。本评估利用建设用地和农田面积比例，反映人为活动对消落带生态系统空间组成和格局的影响程度，消落带人为干扰指数分级标准及赋分见表1.6–24。

计算方法：消落带人为干扰指数=消落带建设用地和农田面积/消落带总面积×100%。

表1.6–24　消落带人为干扰指数分级标准及赋分

指标内容	分级标准及赋分				
	优秀	良好	一般	较差	差
	$N \geq 80$	$60 \leq N < 80$	$40 \leq N < 60$	$20 \leq N < 40$	$N < 20$
消落带人为干扰指数/%	<10	10—<20	20—<30	30—<40	≥40

（6）消落带湿地退化指数。

湿地是消落带的重要组成因素，湿地变化反映了受人为干扰和气候变化等影响导致的消落带受损状况，将消落带范围内的湿地现状面积与2000年（或已有历史数据）的湿地面积进行对比分析，可反映湿地的退化情况。消落带湿地退化指数分级标准及赋分见表1.6–25。

计算方法：消落带湿地退化指数=（2000年湿地面积或已有湿地面积历史数据–湿地现状面积）/湿地现状面积×100%。

表1.6–25　消落带湿地退化指数分级标准及赋分

指标内容	分级标准及赋分				
	优秀	良好	一般	较差	差
	$N \geq 80$	$60 \leq N < 80$	$40 \leq N < 60$	$20 \leq N < 40$	$N < 20$
消落带湿地退化指数/%	无	<5	5—<10	10—<15	≥15

1.6.2 流域生态健康综合评估方法

通过水域、陆域和消落带健康指数加权求和，构建生态健康综合评估指数I_{WHI}，以该指数表示各子流域和流域整体的健康状况。

生态健康综合评估指数I_{WHI}计算如下：

$$I_{WHI} = I_W W_W + I_L W_L + I_X W_X$$

其中：I_W为水域健康指数值，W_W为水域健康指数权重；I_L为陆域健康指数值，W_L为陆域健康指数权重；I_X为消落带健康指数值，W_X为消落带健康指数权重。I_W、I_L和

I_X分别由各自的二级指标加权获得。

水域、陆域、消落带健康指数值：

$$I_W(I_L、I_X)=\sum_{i=1}^{n}W_i\times X_i$$

其中：W_i分别为水域、陆域和消落带的二级指标权重，X_i分别为水域、陆域和消落带二级指标值。

根据生态健康综合评估指数分值大小，将流域生态健康等级分为五级，分别为优秀、良好、一般、较差和差，分值和健康状况分级详见表1.6-26。

表1.6-26 流域生态健康状况分级

指标内容	健康状况				
	优秀	良好	一般	较差	差
生态健康综合评估指数	$I_{WHI}\geqslant 80$	$60\leqslant I_{WHI}<80$	$40\leqslant I_{WHI}<60$	$20\leqslant I_{WHI}<40$	$I_{WHI}<20$

第二章
流域自然和社会经济现状

2.1 自然地理

2.1.1 地理位置

龙溪河古称容水、桂溪，是长江上游左岸一支流，地理位置在东经107°12′—107°24′和北纬29°56′—30°12′之间，河长约238 km，流域面积约3 507 km^2。流域东邻甘井河、渠溪河，南连长江干流，西接御临河，北与小江和州河相邻。在行政区划上东与重庆万州接壤，南与重庆涪陵、丰都、忠县交界，西与重庆渝北、巴南相连，北与四川大竹、开江毗邻。龙溪河发源于重庆市梁平区明达镇马村文家沟，由北向南流经梁平区、垫江县和长寿区，与发源于忠县的大沙河合流后，在长寿区凤城街道办事处走马村六组注入长江。龙溪河地理位置示意图见图2.1–1。

2.1.2 地形地貌

龙溪河位于四川盆地东部的川东平行岭谷区，属弧形褶皱低山丘地貌。总体地势东北高西南低，最高分水岭海拔高程1 192 m，河口处高程32 m。地形地貌特征受区域地质构造和岩性的控制，主要山脉顺构造线呈北东—南西向展布。所在区域的地质构造属于川东褶皱带的一部分，以褶皱构造为主。主要构造形迹是呈北东—南西走向的背斜和向斜，二者相间排列，大背斜紧凑、陡峻，向斜舒缓开阔。背斜一般成山，紧密狭窄，呈梳状、脊状，山岭陡窄峻峭，顶板灰岩溶蚀后成为槽谷，两侧砂岩则为挺拔山脊，组合而成“一山两岭”或“一山三岭”的特有形态。向斜呈红色低山丘陵地形，宽缓绵延，相对高差一般不逾百米。河流受构造控制，呈彼此平行的羽状分布。龙溪河流域地形地貌见图2.1–2。

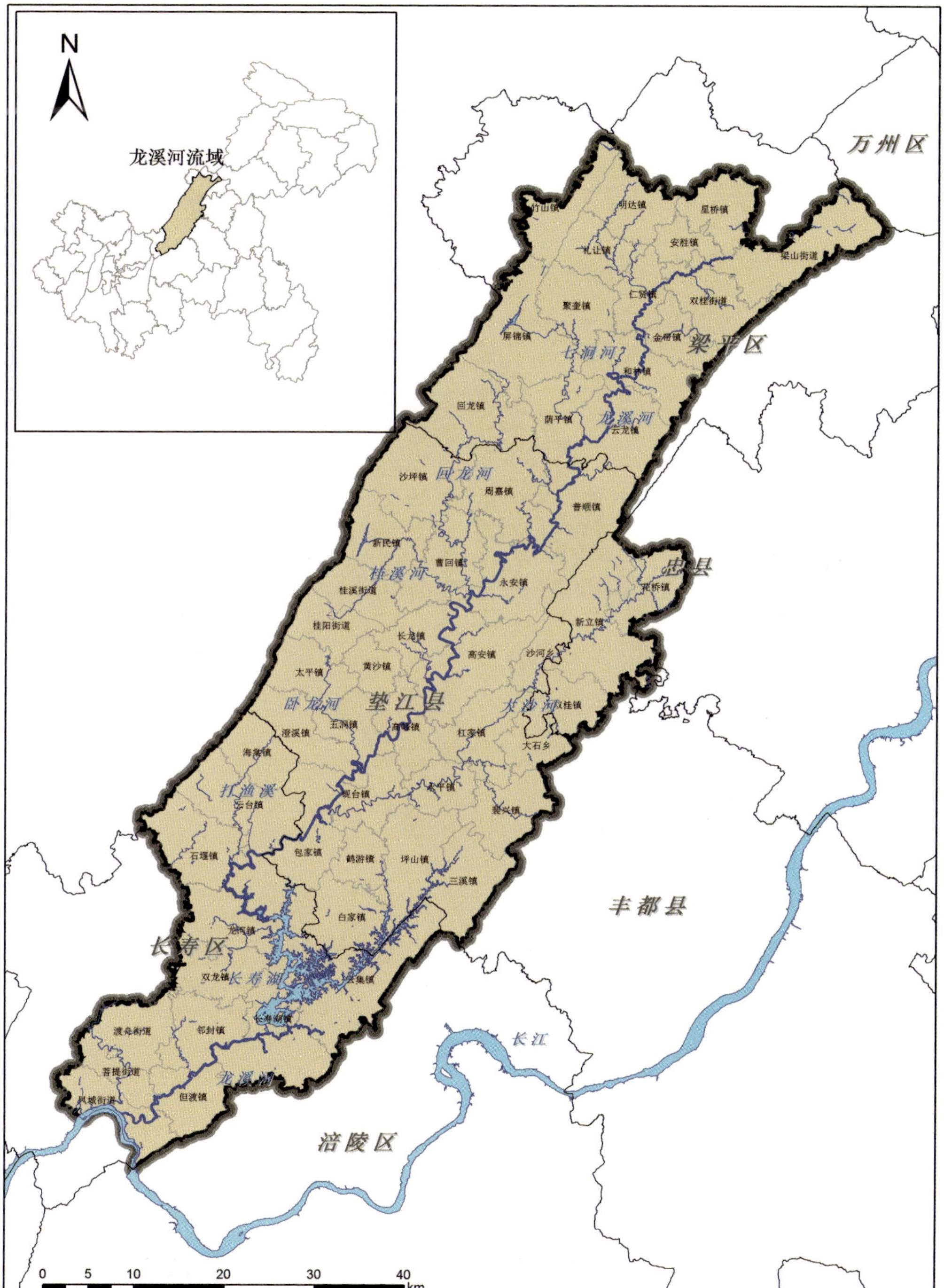

图 2.1-1　龙溪河地理位置示意图

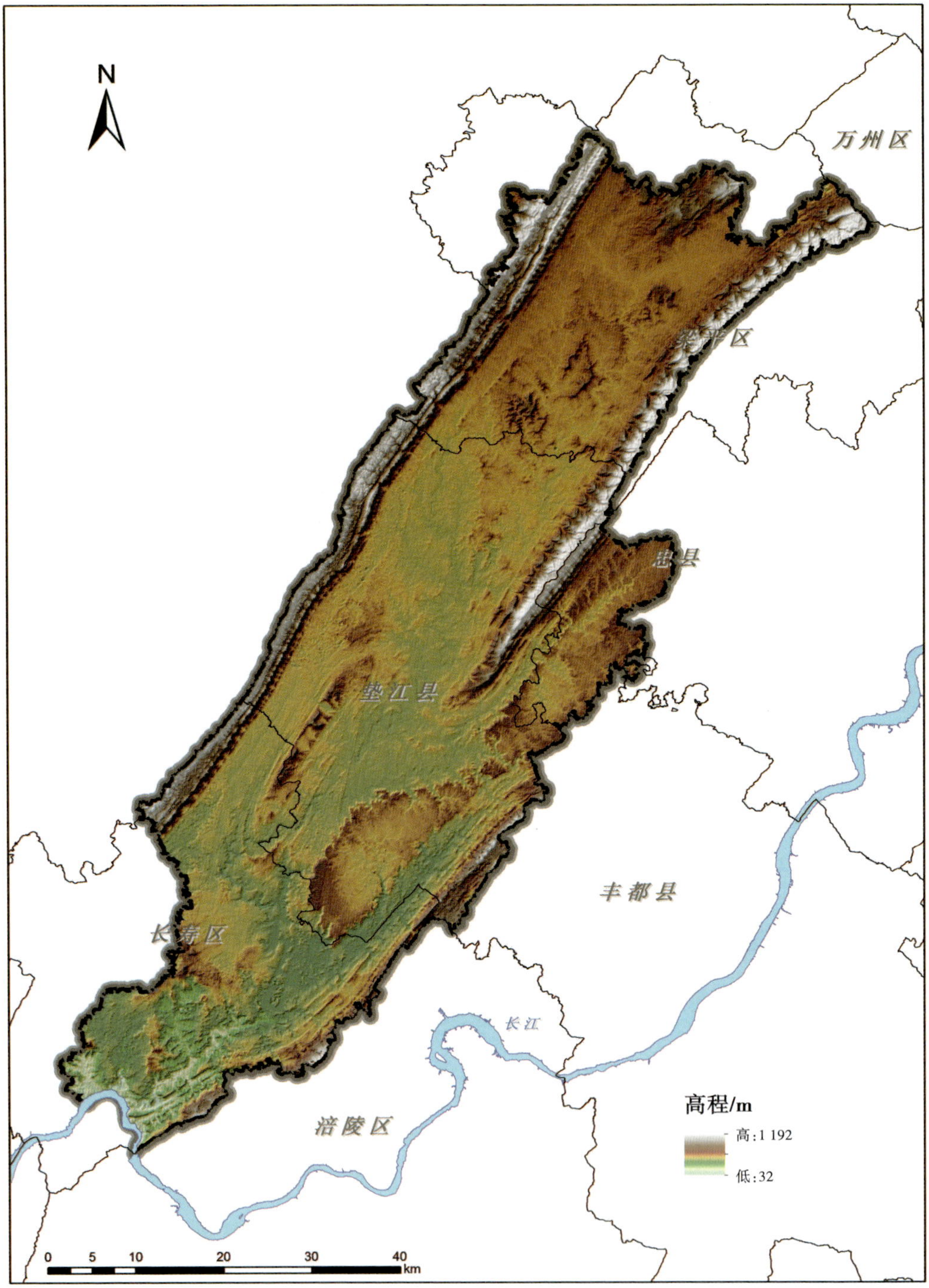

图 2.1-2　龙溪河流域地形地貌图

2.1.3 河流水系

龙溪河自河源流经梁平城北，汇合小沙河[或礼让河(后称高滩河)]、七涧河、回龙河等支流，经明达、礼让、仁贤、云龙、荫平等镇(街道)，复流经垫江的普顺、大顺、永安(纳回龙河、桂溪河)、高安(纳卧龙河)、高峰、五洞、砚台等乡镇，与发源于忠县的大沙河合流后，继至沙石纳张巴河、打渔溪、龙河、双龙河汇入长寿湖，后经狮子滩、邻封、焦家(纳焦家河)、但渡(纳但渡河)、凤城等乡镇(街道)，在长寿区凤城街道走马村汇入长江。

流域内水系发达，支流密布，大小约300条支流组成羽状水系，流域面积大于100 km^2的支流有7条，分别为左岸大沙河、小沙河(或礼让河)，右岸七涧河、回龙河、桂溪河、卧龙河、打渔溪。龙溪河流域水系见图2.1-3。

2.1.4 水文气候

2.1.4.1 气候

龙溪河流域位于四川盆地东部丘陵区域，属中亚热带湿润季风气候区。全流域气候温和，热量丰富，降水量充沛，无霜期长，四季分明，日照较少，光热水配合基本协调。多年平均气温16.8 ℃，无霜期270—320 d，年均日照1 223.7 h，多年平均相对湿度80%，多年平均最大风速13.8 m/s。流域多年平均降水量1 150—1 197 mm。降水年内分配为：春季占年降水38.8%；夏季占年降水33.4%；秋季占年降水22.2%；冬季占年降水5.6%。区内年际、季际的降水量有明显的差异，全年降水量在5—9月最为集中，约占年降水量的61.3%。区内降水地域分布不均，伏旱频繁，伏旱一般始于7月中旬。多年平均蒸发量662.8 mm，蒸发量最大多在7—8月，约占全年蒸发量的35%。

2.1.4.2 水文

龙溪河流域径流由降水形成，主要受降水特性的支配和下垫面影响，地下水补给极小，径流的年内、年际变化与降水一致。根据流域内六箭滩水文站径流资料，4—9月为本流域的雨季，径流量增大，期内的7—8月常有伏旱，遇伏旱时径流量显著减少；10—11月随着降水逐渐减少，径流补给也逐渐减少；12月至翌年3月降水很少，是径流的最枯时期。河口多年平均流量49 m^3/s，年径流量15.5亿m^3。

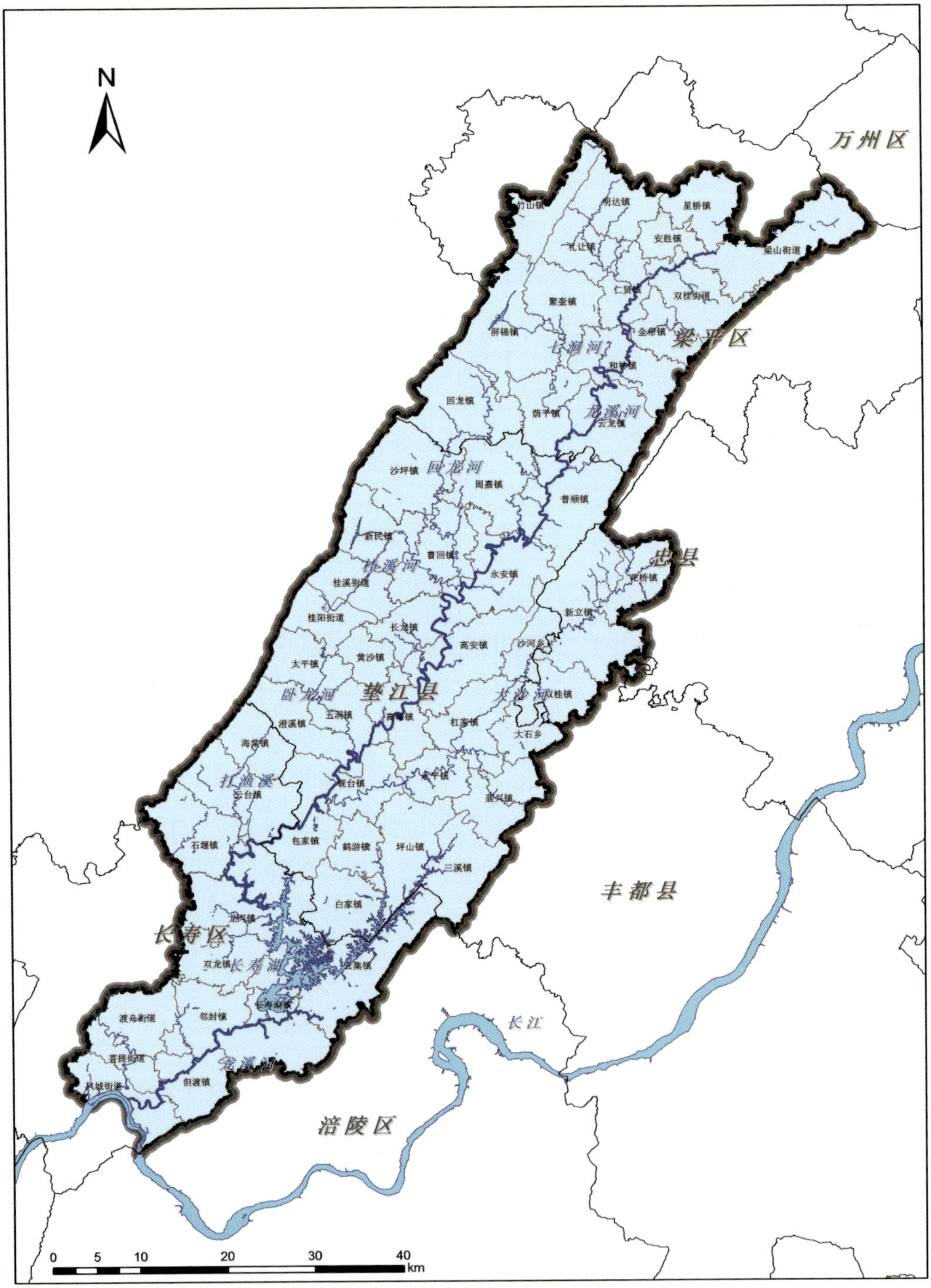

图 2.1–3　龙溪河流域水系图

2.1.5 自然资源

2.1.5.1 植被覆盖

龙溪河流域属于亚热带常绿阔叶林区—川东盆地及川西南山地常绿阔叶林地带—盆地东南部中山植被地区—七曜山南部植被小区。主要植被类型有常绿阔叶林、针叶林、针阔叶混交林、阔叶杂木林、灌木林、农田植被等。流域内原生植被大部分遭破坏,仅在交通不便的地区,呈小块状分布,以杉木林为主。在海拔500—800 m一带的向阳瘠薄山地上,还分布有马尾松林;局部海拔较低、环境条件较好的地方,生长有半自然的毛竹林。栽培植被以经济林木中的油茶、乌桕为多,作物以水稻、玉米为主。水稻主要分布于河谷坝区,玉米主要分布在坡地和低中山地带,此外,还有红苕(甘薯)、小麦、豆类、烟、麻等各类作物。流域内植物已发现182科249属619种148变种,珍稀濒危植物(或国家重点保护植物)有11种,分别是水杉、银杏、苏铁、樟、楠木、厚朴、红椿、莲、喜树、金荞麦、川黄檗。

2.1.5.2 土壤类型

龙溪河流域耕地土壤分为水稻土、紫色土、黄壤土、冲积土等4类,分别占耕地面积的55.1%、37.9%、6.8%、0.2%。其中,水稻土遍布全流域各沟谷和缓坡地带;紫色土主要分布在海拔250—500 m的广阔丘陵地区,母质为侏罗系紫色砂页岩;黄壤土分布在海拔500 m以上的低山区和长江北岸二级阶地上,母质为三叠系泥岩砂页岩和第四系老冲积;冲积土分布于沿河两岸,母质为第四系新冲积。

2.1.5.3 矿产资源

龙溪河流域矿产资源主要有天然气、石灰石、煤等,流域为我国特大天然气田之一。区域内已发现的矿种有煤、石灰岩、石膏矿、天然气、铁、泥炭、绿豆岩、砖瓦用页岩、钾矿、陶瓷土、砂岩、建筑石料用灰岩、水泥用灰岩、电石用灰岩等10多种。已开发利用的有8种,即煤、天然气、陶瓷土、砖瓦用页岩、砂岩、建筑石料用灰岩、石膏矿和水泥用灰岩。天然气、煤、石膏矿为优势矿种,其中煤的基础储量达5 000多万t,石膏矿的基础储量达2 700万t。

2.2 社会经济概况

2.2.1 人口组成及分布

龙溪河主要流经梁平区、垫江县、长寿区、忠县等4个区县56个乡镇，城镇常住人口112.2万人，农村常住人口137.4万人。其中，长寿12个乡镇，城镇常住人口46.5万人，占流域城镇常住人口41.4%；垫江县26个乡镇，城镇常住人口41.5万人，占流域城镇常住人口37.0%；梁平区15个乡镇，城镇常住人口22.8万人，占流域城镇常住人口20.3%；忠县3个乡镇，城镇常住人口1.4万人，占流域城镇常住人口1.2%。

2.2.2 经济发展现状

流域内主要区县为梁平区、垫江县和长寿区，2020年，三个区县全年实现地方财政收入共计1 639.2亿元。其中，梁平区2020年全年实现地区生产总值493.2亿元，比上年增长(下同)3.1%。第一产业增加值59.5亿元，增长4.9%；第二产业增加值242.6亿元，增长2.5%；第三产业增加值191.1亿元，增长3.3%。垫江县2020年全年实现地区生产总值444.8亿元，比上年增长4.0%。第一产业增加值59.4亿元，增长4.8%；第二产业增加值196.3亿元，增长5.6%；第三产业增加值189.1亿元，增长2.3%。长寿区2020年全年实现地区生产总值732.6亿元，比上年增长4.2%。第一产业增加值61.1亿元，增长4.7%；第二产业增加值414.2亿元，增长5.7%；第三产业增加值257.3亿元，增长1.7%。

2.2.3 农业及农村发展状况

2020年，梁平区、垫江县和长寿区农林牧渔业总产值为278.6亿元。其中，梁平区积极创建国家高新技术产业开发区、国家农业高新技术产业示范区，以水稻为主导产业、梁平柚为特色产业，实施“千年良田”工程，发展绿色食品加工企业157家，其中规模以上工业企业34家，绿色食品产业产值近百亿元，绿色食品网络零售额达4.3亿元，2020年农林牧渔业总产值为91.4亿元。

垫江县因地制宜，新建高标准农田25万亩(1亩≈666.67 m^2)，粮食年产量连续稳定在49万t以上，每年向县外提供商品粮15万t以上，农产品保供能力显著提高，农业总产值突破90亿元大关，农业增加值达到61.2亿元，增长约5.2%；2020年农林牧渔业总产值为93.5亿元。

长寿区全年实现农林牧渔业及其服务业增加值62.3亿元，增长4.6%。粮食播种面积89.6万亩，产量32.7万t，本土农特产品线上销售突破2.5亿元，2020年农林牧渔业总产值为93.7亿元。

2.3 水利建设工程

2.3.1 供水工程及梯级建设

龙溪河干流已建成梯级电站共14座，分别为垫江5座，长寿9座。梁平区境内河段比降小，河道两岸地势较低，淹没损失较为严重，不具备开发条件。龙溪河干流垫江县境内已建成的梯级电站有高洞电站、高安电站、中堡滩电站、码头滩电站、磨滩电站，上下游电站水位基本衔接；长寿区境内已建成的梯级电站分别为运输桥电站、下清渊硐电站、下硐电站、回龙寨电站、上硐电站、狮子滩电站、跳石电站、平滩电站、六剑滩电站，各级电站水位基本衔接。14座电站中除狮子滩电站具有年调节能力，高洞电站、高安电站、中堡滩电站和码头滩电站具有不完全年调节能力，其余均无调节能力或调节能力有限。

2.3.2 港口码头

龙溪河流域梁平段有港口码头3座：林镇丁家桥码头、云龙码头、七里滩渔船码头。龙溪河流域垫江段无港口码头。龙溪河流域长寿段有港口码头39座，其中浮码头33座、高桩梁板式码头6座。

2.3.3 桥梁

龙溪河上共建有跨河桥梁97座。梁平段有跨河桥梁共51座，其中公路桥34座、铁路桥1座（渝万客运专线）、人行桥16座。垫江段有跨河桥梁共36座，其中包括公路桥22座，人行桥14座。长寿段有跨河桥梁10座，其中公路桥7座，铁路桥1座，人行桥2座。

2.4 水资源概况

2.4.1 水资源量

根据重庆市水资源公报，2020年，龙溪河流域3个主要区县的地表水资源量约28.583亿m^3、地下水资源量约4.008亿m^3，详情见表2.4-1。

表2.4-1　2020年龙溪河流域主要区县水资源量基本情况表

区县	降水量/mm	地表水资源量/亿m^3	地下水资源量/亿m^3
梁平区	1 304.3	13.436 0	1.570 6
垫江县	1 097.5	7.651 7	1.261 5
长寿区	1 122.8	7.495 3	1.175 9

2.4.2 供水、用水总量及水平

2020年，龙溪河流域梁平、垫江和长寿等3个主要区县供水总量约5.928亿m^3，其中地表水供水5.831亿m^3，地下水供水0.069亿m^3，其他供水0.028亿m^3。龙溪河流域梁平、垫江和长寿等3个主要区县用水总量约5.845亿m^3，其中生活用水量0.952亿m^3，占比16.29%；第一产业用水量3.529亿m^3，占比60.38%；第二产业用水量1.089亿m^3，占比18.63%；第三产业用水量0.171亿m^3，占比2.93%。详情见表2.4-2。

表2.4-2　2020年龙溪河流域主要区县供水量和用水量情况

区县	供水量/亿m^3			用水量/亿m^3					
	地表水	地下水	其他	生活	生产			生态环境补水量	总用水量
					第一产业	第二产业	第三产业		
梁平区	1.603	0.033	0.002	0.276	1.209	0.079	0.034	0.040	1.559
垫江县	1.654	0.001	0.026	0.249	1.240	0.092	0.046	0.053	1.680
长寿区	2.574	0.035	—	0.427	1.080	0.997	0.091	0.011	2.606

2020年重庆市人均综合用水量219 m^3，万元GDP（当年价）用水量为28 m^3，居民生活人均日用水量（居民综合）142 L，城镇公共人均日用水量70 L。龙溪河流域梁平、垫江、长寿三个主要区县人均综合用水量、万元GDP（当年价）用水量均高于全

市平均水平，城镇公共人均日用水量均低于全市平均水平，主要用水指标见表2.4-3。

表2.4-3 2020年龙溪河流域主要区县相关用水指标

地区	人均综合用水量/ m^3	万元GDP用水量/ m^3	农田灌溉亩均用水量/ m^3	农田灌溉水有效利用系数	居民生活人均日用水量/ L			城镇公共人均日用水量/ L
					城镇	农村	居民综合	
全市	219	28	319	0.503 7	163	96	142	70
梁平区	254	33	345	0.500 1	149	86	117	35
垫江县	258	38	293	0.506 4	132	79	105	66
长寿区	376	36	301	0.500 3	193	114	169	68

第三章 流域水域生态系统现状调查

3.1 水环境质量现状调查

3.1.1 调查与监测概况

3.1.1.1 监测断面及频次

根据流域水功能区划及生态健康评估控制单元划分情况，龙溪河流域水质现状调查共设置监测断面35个，每个子流域分别设置干支流监测断面4—6个不等，富营养化监测断面从35个断面中抽取20个断面，详情见表3.1-1和图3.1-1、图3.1-2。

地表水质监测频次为2020年逐月（2月除外），共计11次。富营养化监测频次为2021年10月到2022年7月间共监测4次，春夏秋冬4个季节，每季节1次。

表3.1-1　龙溪河流域水质监测断面设置情况

序号	子流域	断面名称	类型	备注	序号	子流域	断面名称	类型	备注
1	1	梁平城区	干流	*	12	3	永安镇	干流	*
2		梁平仁贤镇	干流		13		跳墩河	支流	
3		川西河	支流	*	14		桂溪河	支流	*
4		肖家河	支流		15	4	高安镇	干流	
5	2	和林镇	干流	*	16		高峰镇	干流	*
6		普顺（市控梁平）	干流		17		团敦河	支流	
7		席帽河	支流		18		长龙河	支流	
8		郑家湾	支流		19		卧龙河（太平镇）	支流	*
9		七涧河	支流	*	20	5	垫江六剑滩	干流	*
10	3	回龙河（大河桥）	支流	*	21		大沙河	支流	*
11		普顺镇	干流	*	22		大沙河（杠家镇）	支流	*

续表

序号	子流域	断面名称	类型	备注	序号	子流域	断面名称	类型	备注
23	5	石堰镇(长寿湖入口)	干流	*	31	7	邻封镇	干流	
24		打渔溪(海棠镇)	支流	*	32		但渡镇(运输桥)	干流	*
25		打渔溪	支流		33		邻封镇支流	支流	
26	6	大石中桥	支流	*	34		焦家河	支流	*
27		龙河镇(长寿湖右)	干流		35		但渡河	支流	
28		云集镇(长寿湖左)	干流						
29		长寿湖湖心	干流	*					
30		打鱼河	支流	*					

备注:加*的点位同时为富营养化监测点位。

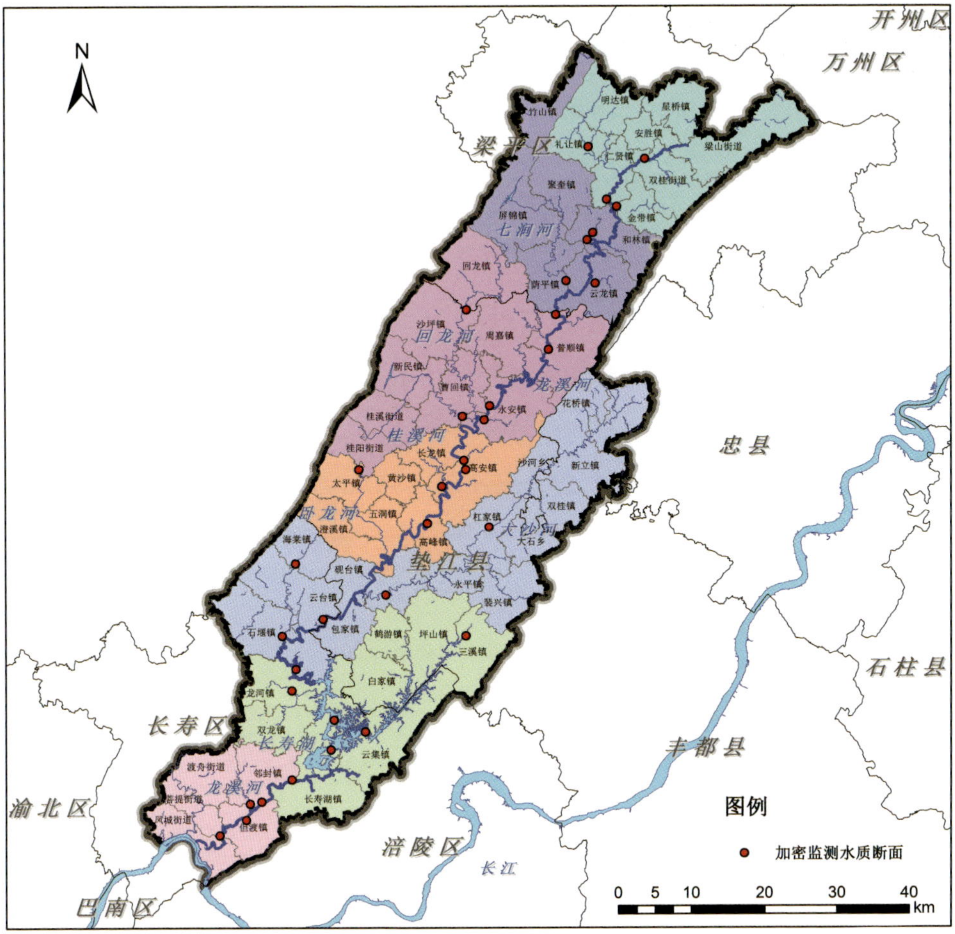

图 3.1-1　龙溪河流域水质加密监测点位示意图

图 3.1-2　龙溪河流域部分监测点位现场采样

3.1.1.2 监测指标、方法及仪器

龙溪河流域水质现状调查监测指标为《地表水环境质量标准》(GB 3838—2002)表 1 中的 24 项指标及叶绿素 a、透明度、浊度等 3 项，地表水采样按照《水质 采样技术指导》(HJ 494—2009)进行，检测分析方法和检测仪器见表 3.1-2。

表 3.1-2　水质监测分析方法和检测仪器

样品类别	项目	检测方法	方法来源	检测仪器及编号	检出限
地表水	水温	水质水温的测定温度计或颠倒温度计测定法	GB 13195—91	温度计(WDJ20210001)	—
	pH	便携式 pH 计法	《水和废水监测分析方法》(第四版)	水质多参数测试仪 SX751(TTE20203279)	—
	溶解氧	便携式溶解氧仪法	《水和废水监测分析方法》(第四版)	水质多参数测试仪 SX751(TTE20203279)	—
	透明度	塞氏盘法	《水和废水监测分析方法》(第四版)	塞氏圆盘(20190702)	—

续表

样品类别	项目	检测方法	方法来源	检测仪器及编号	检出限
地表水	叶绿素a	水质 叶绿素a的测定 分光光度法	HJ 897—2017	紫外可见分光光度计UV-7504（TTE20150920）等	0.00 2 mg/L
	高锰酸盐指数	水质 高锰酸盐指数的测定	GB 11892—89	滴定管（CQDDG003）	0.5 mg/L
	化学需氧量	水质 化学需氧量的测定 重铬酸盐法	HJ 828—2017	滴定管（CQDDG001）	4 mg/L
	五日生化需氧量	水质 五日生化需氧量（BOD_5）的测定 稀释与接种法	HJ 505—2009	溶解氧仪JPSJ-605F（TTE20189799）等	0.5 mg/L
	氨氮	水质 氨氮的测定 纳氏试剂分光光度法	HJ 535—2009	紫外可见分光光度计UV-7504（TTE20150920）	0.025 mg/L
	总磷	水质 总磷的测定 钼酸铵分光光度法	GB 11893—89	紫外可见分光光度计UV-1800（TTE20202953）	0.01 mg/L
	总氮	水质 总氮的测定 碱性过硫酸钾消解紫外分光光度法	HJ 636—2012	紫外可见分光光度计UV-1800（TTE20202953）	0.05 mg/L
	氟化物	水质 无机阴离子（F^-、Cl^-、NO_2^-、Br^-、NO_3^-、PO_4^{3-}、SO_3^{2-}、SO_4^{2-}）的测定 离子色谱法	HJ 84—2016	离子色谱仪ICS-1100（TTE20151166）	0.006 mg/L
	氰化物	水质 氰化物的测定 容量法和分光光度法（异烟酸-巴比妥酸分光光度法）	HJ 484—2009	紫外可见分光光度计UV-7504（TTE20150920）	0.001 mg/L
	挥发酚	水质 挥发酚的测定 4-氨基安替比林分光光度法	HJ 503—2009	紫外可见分光光度计UV-7504（TTE20150920）	0.000 3 mg/L
	石油类	水质 石油类的测定 紫外分光光度法（试行）	HJ 970—2018	紫外可见分光光度计UV7504PCD（TTE20190280）	0.01 mg/L

续表

样品类别	项目	检测方法	方法来源	检测仪器及编号	检出限
地表水	阴离子表面活性剂（LAS）	水质 阴离子表面活性剂的测定 亚甲蓝分光光度法	GB 7494—87	紫外可见分光光度计UV-7504（TTE20150919）	0.05 mg/L（10 mm光程比色皿）
	硫化物	水质 硫化物的测定 亚甲基蓝分光光度法	HJ 1226—2021	紫外可见分光光度计UV-7504（TTE20150920）	0.003 mg/L（30 mm光程比色皿）
	粪大肠菌群	水质 粪大肠菌群的测定 多管发酵法	HJ 347.2—2018	生化培养箱LRH-250（TTE20150913）等	20 mg/L（15管法，MPN/L）
	浊度	水质 浊度的测定	GB 13200—91	紫外可见分光光度计UV-7504（TTE20150919）	3度
	铬	水质 65种元素的测定 电感耦合等离子体质谱法	HJ 700—2014	电感耦合等离子质谱仪（ICP-MS）NexION 2000（HKY20190003）	0.000 11 mg/L
	铜				0.000 08 mg/L
	锌				0.000 67 mg/L
	砷				0.000 12 mg/L
	硒				0.000 41 mg/L
	镉				0.000 05 mg/L
	铅				0.000 09 mg/L
	汞	水质 汞、砷、硒、铋和锑的测定 原子荧光法	HJ 694—2014	双道原子荧光光度计AFS-9700（TTE20151274）	0.000 04 mg/L

3.1.2 调查与监测结果

3.1.2.1 地表水质现状调查结果

利用单因子指数法对龙溪河流域2020年地表水质监测结果开展评价可知，全流域有高锰酸盐指数、总磷（TP）、溶解氧、总氮、化学需氧量、氨氮等6项指标出现过超功能区水质目标（Ⅲ类）。其中，超标频次较高的指标为化学需氧量、高锰酸盐指数和总磷，全流域平均超标率分别为28.9%、27.3%和20.4%（图3.1-3），是龙溪河水质的主要影响因子。

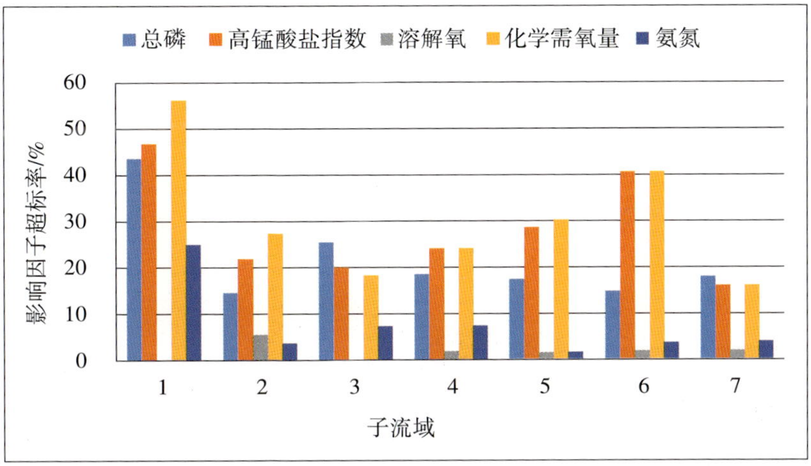

图 3.1-3　龙溪河流域各子流域主要影响因子超标率

2020年,龙溪河流域7个子流域共计374次监测频次中,水质达到Ⅲ类及以上断面频次占比为58.3%。其中,子流域1达到Ⅲ类及以上频次较低,为38.1%;子流域7达到Ⅲ类及以上频次最高,为72.5%;其余子流域达到Ⅲ类及以上频次介于50%—70%之间(图3.1-4)。

在全流域35个断面中,共监测干流162次,其达到Ⅲ类及以上水质断面频次为147次,占比为90.7%;共监测支流212次,其达到Ⅲ类及以上水质断面频次为108次,占比为50.9%。可以看出,龙溪河流域干流水质明显优于支流。

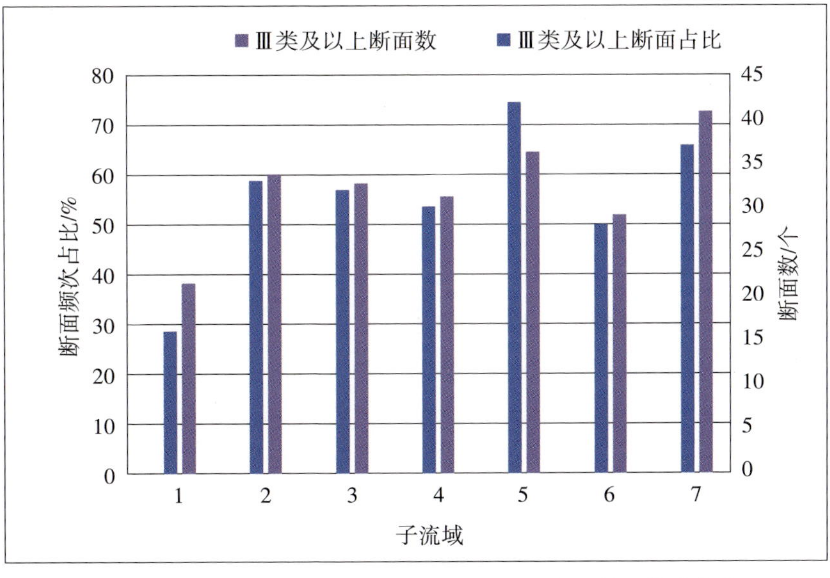

图 3.1-4　龙溪河流域各子流域Ⅲ类及以上水质断面数及占比

3.1.2.2 富营养化现状调查结果

采用《湖泊（水库）富营养化评价方法及分级技术规定》推荐的综合营养状态指数（TLI指数）对龙溪河流域富营养化情况进行评价。龙溪河流域部分富营养化监测点位现场情况见图3.1–5。

（a）干流普顺　（b）干流但渡镇（运输桥）
（c）支流大沙河　（d）支流七涧河
（e）长寿湖湖心　（f）支流焦家河

图3.1–5　龙溪河流域部分富营养化监测点位现场

富营养化评价结果表明，龙溪河流域20个断面中，春、秋、冬三季没有富营养级别断面，多数断面富营养级别为中营养，夏季有三个断面为轻度富营养（表3.1–3）。

表3.1–3　富营养化监测断面结果

序号	断面	秋季		冬季		春季		夏季	
		TLI	营养级别	TLI	营养级别	TLI	营养级别	TLI	营养级别
1	梁平城区	40.01	中营养	42.13	中营养	46.17	中营养	49.62	中营养
2	和林镇	38.86	中营养	36.78	中营养	35.87	中营养	39.54	中营养
3	普顺镇	36.09	中营养	34.22	中营养	33.67	中营养	26.98	贫营养
4	川西河	31.47	中营养	28.98	贫营养	26.64	贫营养	31.93	中营养
5	七涧河	32.08	中营养	32.10	中营养	32.79	中营养	36.28	中营养
6	永安镇	34.40	中营养	32.21	中营养	36.54	中营养	34.87	中营养
7	高峰镇	36.07	中营养	35.42	中营养	34.97	中营养	50.86	轻度富营养
8	垫江六剑滩	37.61	中营养	35.46	中营养	33.04	中营养	51.10	轻度富营养
9	大沙河（杠家镇）	34.02	中营养	34.10	中营养	33.28	中营养	30.45	中营养
10	大沙河	37.56	中营养	35.88	中营养	29.22	贫营养	35.47	中营养
11	大石中桥	32.58	中营养	33.34	中营养	33.96	中营养	32.54	中营养
12	卧龙河（太平镇）	34.17	中营养	35.22	中营养	34.69	中营养	38.51	中营养
13	桂溪河	38.86	中营养	35.76	中营养	34.92	中营养	40.13	中营养
14	回龙河（大河桥）	31.47	中营养	33.45	中营养	30.99	中营养	36.08	中营养
15	石堰镇（长寿湖入口）	32.68	中营养	34.78	中营养	40.01	中营养	51.20	轻度富营养
16	长寿湖湖心	28.85	贫营养	27.85	贫营养	28.99	贫营养	27.58	贫营养
17	但渡镇（运输桥）	32.73	中营养	30.23	中营养	31.16	中营养	30.39	中营养
18	打渔溪（海棠镇）	38.44	中营养	40.23	中营养	45.96	中营养	39.85	中营养
19	焦家河	36.34	中营养	34.67	中营养	36.65	中营养	45.55	中营养
20	打鱼河	41.82	中营养	43.54	中营养	44.94	中营养	44.67	中营养

3.2 水生生物现状调查

龙溪河流域水生生物调查与监测对象主要包括鱼类、大型底栖动物、浮游动物和藻类等4个类型。水生生物调查与监测的时间为2021年10月到2022年7月，共开展4次，春夏秋冬4个季节各进行1次，断面布设情况见图3.2-1。

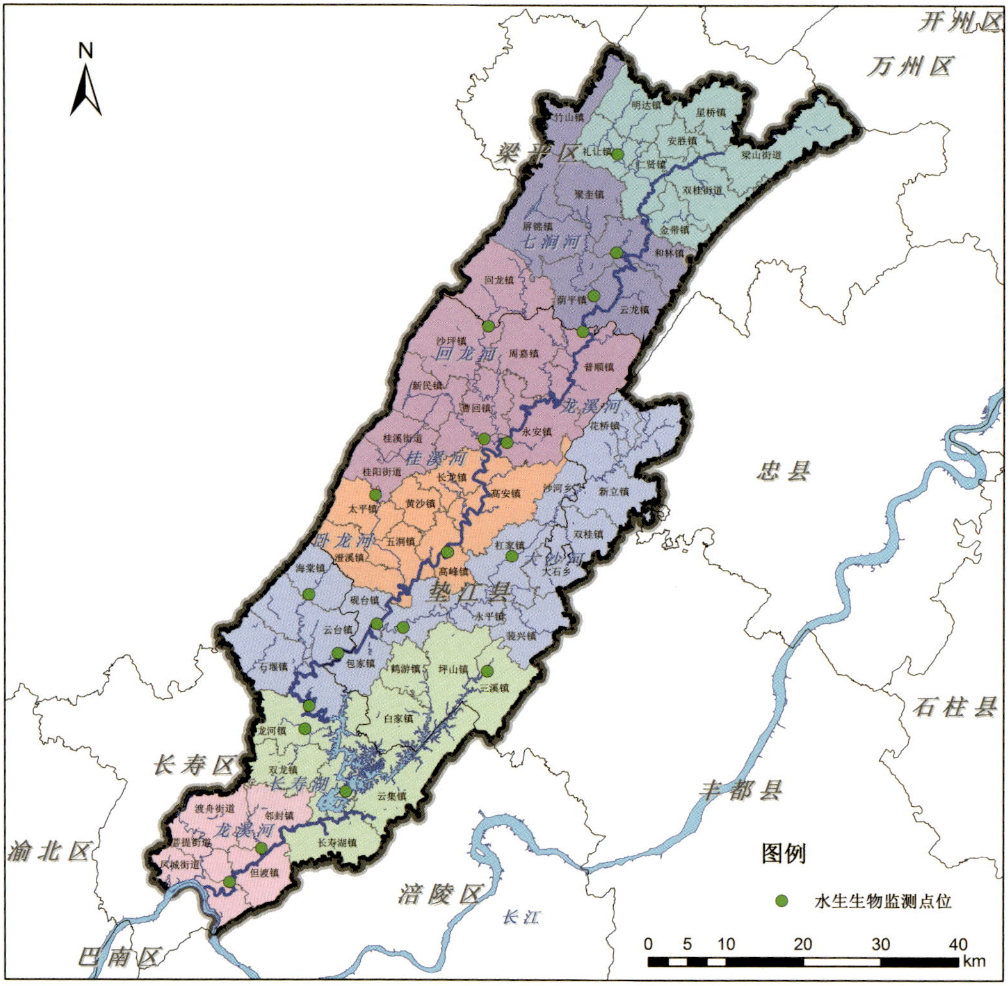

图3.2-1　龙溪河流域水生生物监测点位

3.2.1 鱼类

3.2.1.1 样品采集与鉴定

(1)样品采集。

每个监测点根据不同的河流环境采取不同的采样方法，分可涉水区域和不可涉水区域。

可涉水区域：采取底置地笼、三层复合刺网以及手抄网相结合的方式，根据不同的河流环境采用不同的渔具。底置地笼放网12—24 h，每天定时取渔获物1—2次；三层复合刺网顺水漂流捕捞，每天上午或下午下网，累计捕捞时间不少于2 h；手抄网则是直接捕捞，每个点的捕捞时间在0.5 h左右。

不可涉水区域：采用三层复合刺网和底置地笼相结合的方式进行样品采集。在中央深水区租船使用三层复合刺网，定置水域捕捞，每天上午或下午下网，累计捕捞时间不少于2 h（图3.2-2）。底置地笼操作方法同可涉水河流鱼类采集的方法一致，放网12—24 h，每天定时取渔获物1—2次。

图3.2-2　龙溪河流域大型鱼类资源现场监测

监测期间如果有钓鱼者钓鱼，同时记录钓鱼者钓的鱼的种类。在现场调查采集渔获物的过程中，完成记录、录影、拍照等工作，以此作为调查结果的补充。

（2）样品处理与鉴定。

样品采集后立即进行鉴定和测量工作，完成记录统计表，难以鉴定的种类则制作为标本，其余样品全部予以放生。需要制作标本的样本放入标本瓶（箱），立即用10%（体积分数）的甲醛溶液和95%（体积分数）的乙醇溶液分别固定、保存。如鱼体较大，应往腹腔内均匀注射10%（体积分数）的甲醛溶液后再固定、保存。容易掉鳞、稀有种类和小规格种类的鱼要用纱布包起来再放入固定液中。标本瓶（箱）上应注明水体名称、采集时间。样品带回实验室后，两周内完成所有鉴定、测量工作。

3.2.1.2 调查与监测结果

（1）渔获物组成及其生态类型。

经过2021—2022年春、夏、秋、冬4个季节20个断面的实地调查，龙溪河流域共捕获鱼类7 578尾，隶属于4目9科36属50种，总重163 714 g。调查到的50种鱼，按食性类型可分为植食性、杂食性和肉食性。其中偏植食性鱼类有黄尾鲴、圆吻鲴、鲢、鳊、似鳊和草鱼等6种，占比12%；杂食性鱼类有厚颌鲂、团头鲂和银鮈等23种，占46%；肉食性鱼有达氏鲌、蛇鮈、乌鳢等21种，占42%。渔获物具体物种分类详见统计附表1。

（2）渔获物常见种、优势种及特有种类。

龙溪河流域捕捞的50种渔获物中，没有国家级保护物种，也没有重庆市市级保护物种，仅包括中国特有种19种，包括大鳞副泥鳅、达氏鲌、张氏鳘、厚颌鲂、团头鲂、黑尾近红鲌、马口鱼、黄尾鲴、圆吻鲴、华鳈、点纹银鮈、短须鱊、双斑副沙鳅、小黄黝鱼、波氏吻虾虎鱼、大鳍鱯、长须拟鲿、短尾拟鲿、钝吻拟鲿等。长江上游特有种5种，包括张氏鳘、厚颌鲂、黑尾近红鲌、点纹银鮈、双斑副沙鳅等。

用相对重要性指数（index of relative importance，IRI）表征群落中鱼类种类优势度，结合本次渔获物分类统计情况，本次调查结果划定IRI大于等于500的为优势种，100—500（不含）之间的为常见种。IRI计算公式如下：

$$I_{IRI}=(W+N)\times F\times 10^4$$

式中，N为某一种类的尾数占总尾数的百分比；

W为某一种类的质量占总质量的百分比；

F为某一种类出现点位数占总调查点位数的百分比；

I_{IRI}为相对重要性指数。

龙溪河流域鱼类资源IRI指数结果（附表2）表明，优势种有7种，分别为大鳍鱊、高体鳑鲏、似鳊、鲫、鳘、中华鳑鲏、麦穗鱼；常见种有9种，分别为草鱼、黄颡鱼、点纹银鮈、红鳍原鲌、翘嘴鲌、鳙、鲢、张氏鳘、华鳈；还有外来种2种，分别是食蚊鱼、麦瑞加拉鲮。

（3）不同季节渔获物比较。

2021—2022年度春、夏、秋、冬季4次鱼类资源调查，渔获物的种类、数量及质量分别见图3.2-3、图3.2-4和图3.2-5。龙溪河4个季节的渔获物物种数量无明显差异，但数量和质量有明显差异。不同季节捕捞到的渔获物种类也有明显差异（图3.2-6）。4个季节均捕捞到的渔获物种类有18种，包括鳘、大鳍鱊、高体鳑鲏、红鳍原鲌、翘嘴鲌、中华鳑鲏、似鳊、鲢、鳙、棒花鱼、黑鳍鳈、华鳈、麦穗鱼、银鮈、鲫、鲤、鲇、黄颡鱼，这18种渔获物在龙溪河流域出现的概率相对较大。有些种类只在其中一个季节捕捞到，只在10月捕捞到的有6种，包括达氏鲌、黑尾近红鲌、团头鲂、黄尾鲴、蛇鮈、大鳞副泥鳅；只在1月捕捞到的有3种，包括麦瑞加拉鲮、短须鱊、大鳍鱯；只在4月捕捞到的有2种，为长须黄颡鱼和食蚊鱼；只在7月捕捞到的有1种，即短尾拟鲿。详细统计情况见附表3。不同季节渔获物种类出现差异较大，可能与鱼类习性、捕捞时间、温度等有一定关系。

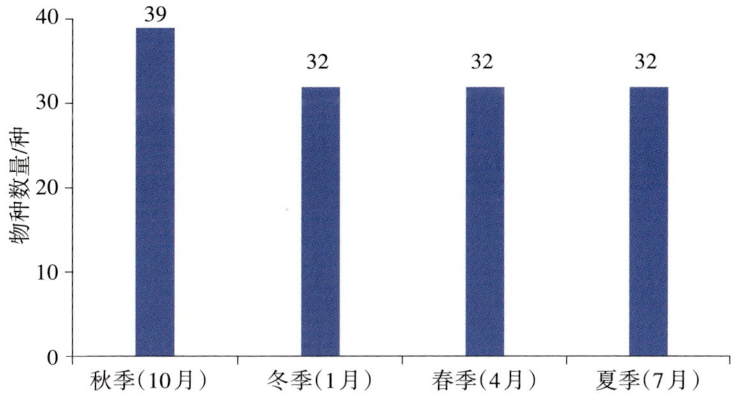

图 3.2-3　龙溪河流域不同季节渔获物种类比较

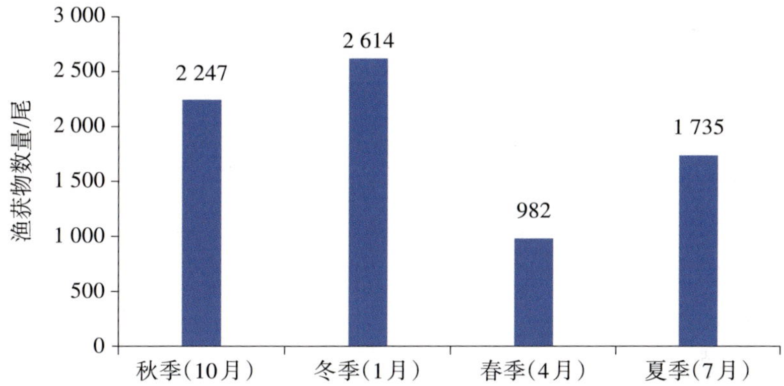

图 3.2-4　龙溪河流域不同季节渔获物数量比较

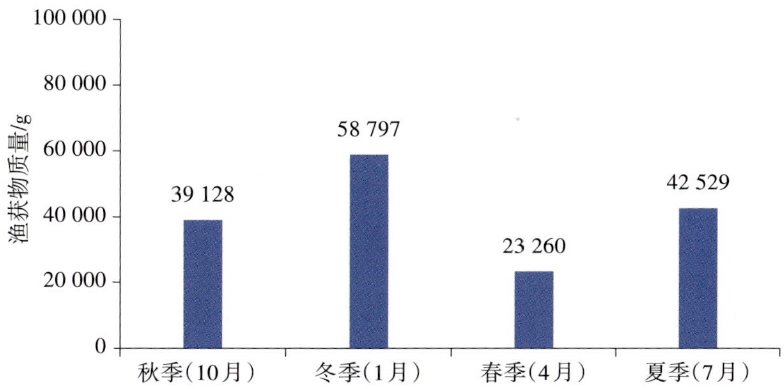

图 3.2-5　龙溪河流域不同季节渔获物质量比较

注:渔获物质量的数据已取整处理。

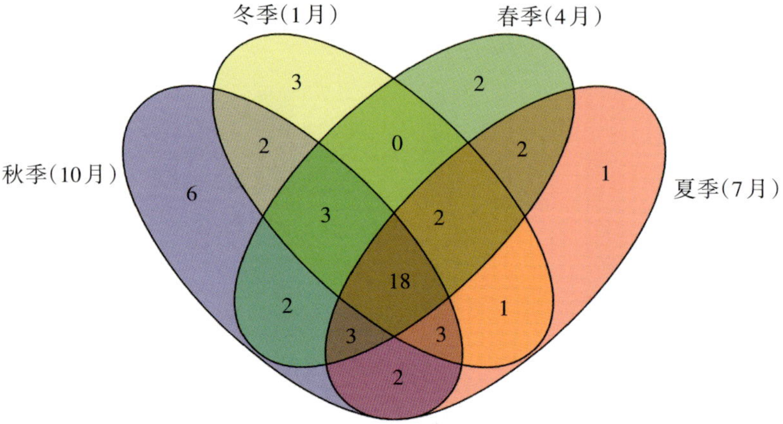

图3.2-6　龙溪河流域不同季节渔获物种类比较

（4）不同子流域渔获物比较。

龙溪河7个子流域4次鱼类资源调查渔获物种类比较见图3.2-7。7个子流域均捕捞到的种类有8种，包括麦穗鱼、高体鳑鲏、中华鳑鲏、鲫、兴凯鱊、张氏䱗、子陵吻虾虎鱼、翘嘴鲌。各个子流域的种类差异比较明显，子流域1和子流域2都没有捕获到该流域特有种；只在子流域3捕捞到的种类有1种，即波氏吻虾虎鱼；只在子流域4捕捞到的种类有1种，为大鳍鱯；只在子流域5捕捞到的种类有3种，包括厚颌鲂、短尾拟鲿、短须鱊；只在子流域6捕捞到的种类最多，有6种，包括团头鲂、达氏鲌、鳊、大鳞副泥鳅、长须黄颡鱼、麦瑞加拉鲮，该子流域为长寿湖所在区域，鱼类资源相较其他子流域更丰富；只在子流域7捕捞到的种类有2种，包括黄尾鲴、蛇鮈。

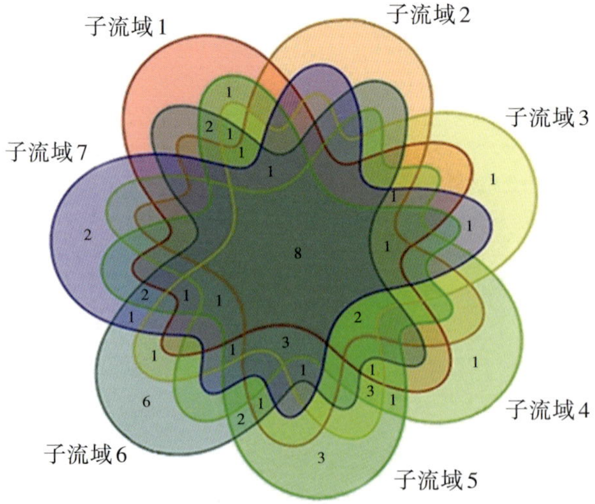

图3.2-7　龙溪河流域子流域渔获物种类比较

3.2.2 底栖动物

3.2.2.1 样品采集与鉴定

（1）样品采集。

每个监测点，每次调查采集3个定量重复样（图3.2-8）。在浅滩生境，使用索伯网（面积0.09 m^2，网径40目）进行采集。采样时将索伯网放入河床，先用毛刷对网内的大型石块进行清洗，使附着在石块上的大型底栖动物随水流进入索伯网。大型石块清洗完毕后，用铁铲搅动石块下方的底质，搅动深度大于10 cm。在水潭生境，使用彼德逊采泥器（面积1/45 m^2）进行采集。样品过40目铜筛筛洗后，置于白色塑料盘中进行分拣。

定量调查完毕后，进行定性调查。在每个生境单元内，随机选取石块，挖掘底泥，采集其中的底栖动物。

（2）样品处理与鉴定。

将底栖动物标本装入30 mL的塑料瓶中，用8%（体积分数）的甲醛保存，带回室内镜检分类、鉴定、计数、称重。比较大的底栖动物样本可直接用放大镜或实体显微镜观察，并参考有关资料进行种类鉴定。寡毛类和水生昆虫幼虫样本制成玻片标本后，在显微镜下参考有关资料进行种类鉴定。物种尽可能鉴定至最小的分类单元。按不同种类，准确统计每个点位采集到的每个样品的底栖动物个体数，用电子天平称其湿重，最后算出每个调查点底栖动物的密度和生物量。

图3.2-8　龙溪河流域底栖动物现场监测

3.2.2.2 调查与监测结果

（1）底栖动物种类组成。

2021—2022年度龙溪河流域春、夏、秋、冬4次底栖动物调查共采集到大型底栖动物65种(见附表5和附表6),属4门7纲37科,其中水生昆虫41种,占总物种的63.1%;甲壳动物和软体动物分类单元数17种,占总物种的26.2%。春季、夏季、秋季和冬季分别采集到底栖动物38种、33种、39种和34种(图3.2-9),季节间无明显差异。

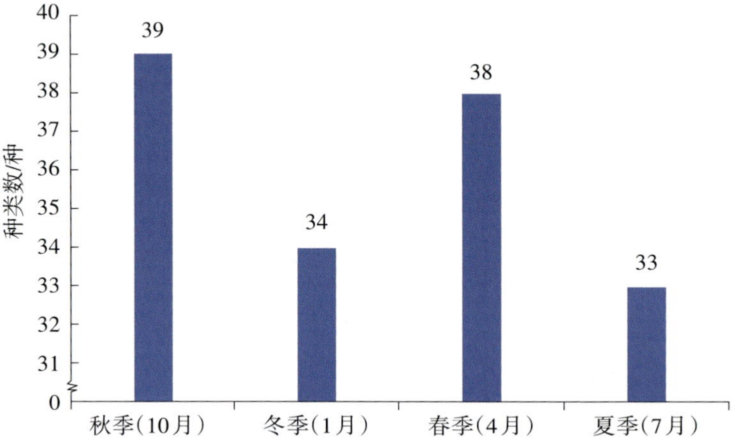

图3.2-9　龙溪河流域不同季节底栖动物种类数

韦恩图结果表明(图3.2-10),4个季节均采集到的种类有15种,包括多足摇蚊、假二翅蜉、蜉蝣、动蜉、细蜉、原二翅蜉、龙虱、扇蟌、铜锈环棱螺、环棱螺、耳萝卜螺、河蚬、苏氏尾鳃蚓、水丝蚓、锯齿新米虾,这15种底栖动物在龙溪河流域出现的概率相对较大。有些种类只在一个季节采集到。只在秋季采集到的有6种,包括粗腹摇蚊、雕翅摇蚊、长足摇蚊、大伪蜻、短丝蜉1、短丝蜉2;只在冬季采集到的有5种,包括天角蜉、韦氏四节蜉、枝角摇蚊、黑四节蜉、淡水壳菜;只在春季采集到的有3种,包括中华圆田螺、粒龙虱和蠓;只在夏季采集到的有9种,包括直突摇蚊、菱跗摇蚊、按蚊、水虻、似宽基蜉、苍白牙甲、星齿蛉、光滑狭口螺、泽蛭。

龙溪河流域整体属典型农耕区,河流比降小,水流平缓,水体受到城镇和农村生活污水排放以及农业面源污染影响,水质一般,大型底栖动物整体丰富度不高。从空间上看,龙溪河干流大型底栖动物丰富度较低,部分支流大型底栖动物丰富度较高。

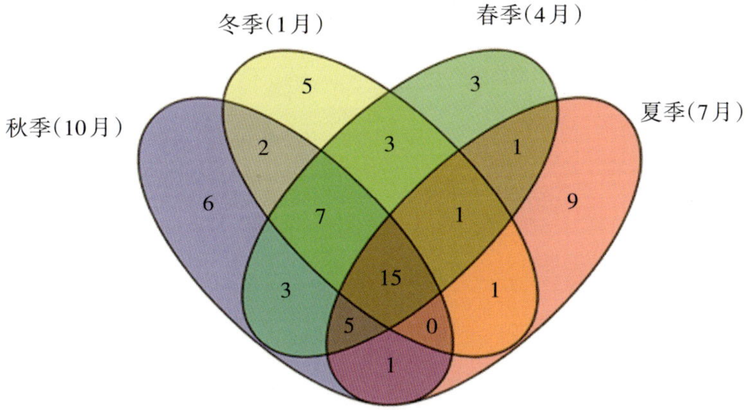

图3.2-10　龙溪河流域不同季节底栖动物种类比较

龙溪河7个子流域采集到的底栖动物种类数差异较大(图3.2-11),子流域3采集到的种类数最多,为35种;子流域1采集到的种类数最少,为17种。采集到的种类数从多到少依次为子流域3>子流域4>子流域5>子流域6>(子流域7、子流域2)>子流域1。

7个子流域中均采集到的种类有6种(图3.2-12),包括锯齿新米虾、耳萝卜螺、水丝蚓、铜锈环棱螺、原二翅蜉、真开氏摇蚊。各个子流域的种类差异比较明显,只在子流域1采集到的种类有3种,分别是淡水钩虾、环足摇蚊和红眼蟌;只在子流域2采集到的有2种,为菱跗摇蚊和背角无齿蚌;只在子流域3采集到的有3种,为赤豆螺、圆顶珠蚌和淡水壳菜;只在子流域4采集到的有9种,为长跗摇蚊、黑四节蜉、短丝蜉、钩翅石蛾、似宽基蜉、锯齿华溪蟹、天角蜉、径石蛾和纹石蛾;只在子流域5采集到的有2种,为中华圆田螺和蠓;只在子流域6采集到的有4种,为克氏原鳌虾、粗腹摇蚊、枝角摇蚊和直突摇蚊;只在子流域7采集到的有2种,为尼罗长足摇蚊和朝大蚊。

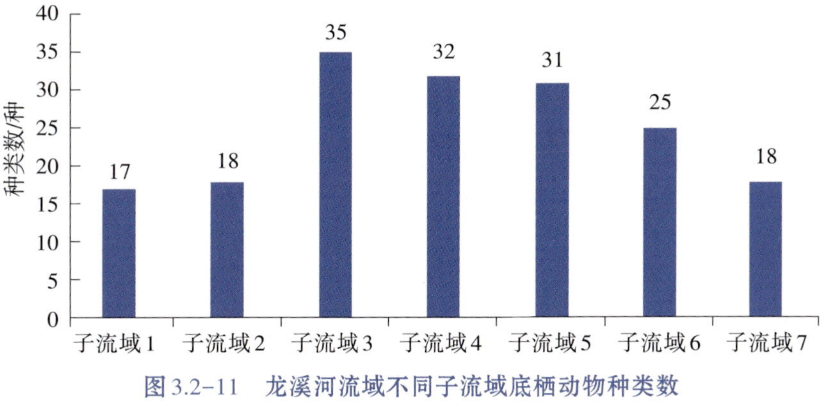

图3.2-11　龙溪河流域不同子流域底栖动物种类数

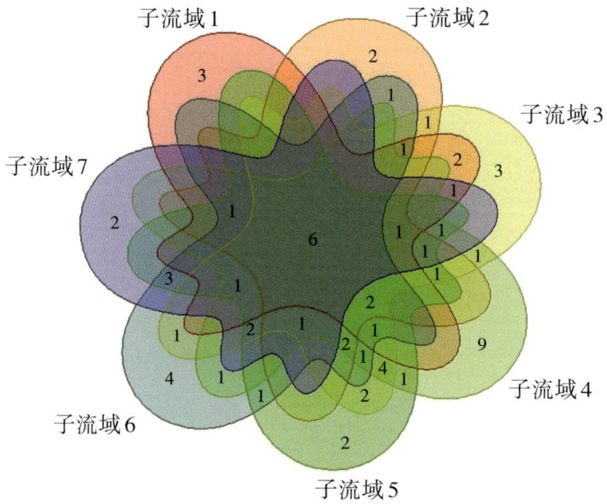

图 3.2-12　龙溪河流域不同子流域底栖动物种类比较

(2)底栖动物密度与生物量。

龙溪河各监测点底栖动物的密度在11—4 125个/m²之间,平均密度为543个/m²。仅焦家河点位底栖动物密度平均值在1 000个/m²以上,石堰镇、但渡镇两个点位底栖动物密度平均值均不足300个/m²。底栖动物的生物量在0.04—613.13 g/m²之间,平均生物量为71.43 g/m²。底栖动物生物量波动较大是由于软体动物(椭圆萝卜螺、赤豆螺、铜锈环棱螺、环棱螺、中华圆田螺、光滑狭口螺、福寿螺、河蚬、淡水壳菜、卵萝卜螺、耳萝卜螺、背角无齿蚌、圆顶珠蚌)和甲壳动物(锯齿新米虾、锯齿华溪蟹、克氏原螯虾、淡水钩虾)在河道内分布很不均匀,且样方内单个软体动物和甲壳动物质量甚至远大于其他底栖动物质量之和。从数量上看,蜉蝣目稚虫为优势类群,其数量占总标本数量的31.7%;摇蚊类数量次之,占21.4%;毛翅目、甲壳动物和软体动物、寡毛类动物数量较少,分别占8.7%、17.5%、10.5%。蛭纲数量最少,占总标本数量的0.65%。

龙溪河流域底栖动物密度从季节上看,冬季采集到的物种密度较大(图3.2-13)。冬季,七涧河、大沙河(杠家镇)、大石中桥、卧龙河(太平镇)、回龙河(大河桥)、焦家河等点位的蜉蝣数量较多,密度值比其他季节大。这是由于冬季降水量减小,河流流量减小,底栖动物栖息地缩减而聚集。其他三个季节底栖动物密度没有明显差异。

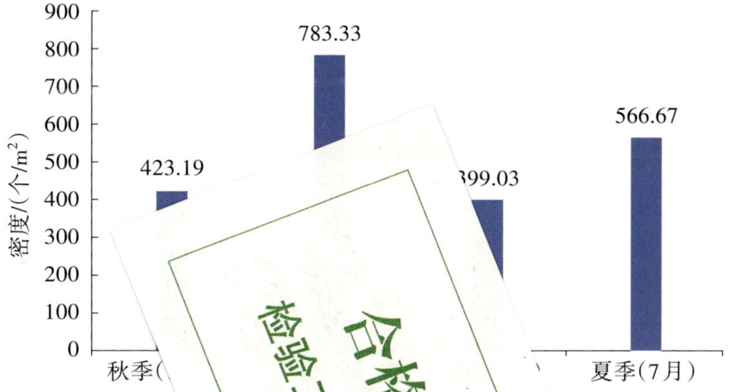

图 3.2-[illegible]密度

龙溪河流域底栖动物密[illegible]密度最大的是子流域7，为765.63个/m²，其次为子流域[illegible]密度无明显差异，密度范围为465.97—630.21个/m²。

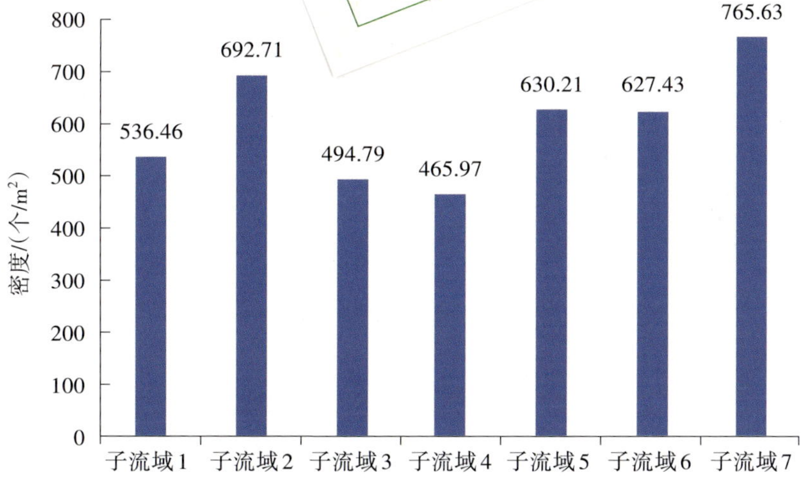

图 3.2-14　龙溪河流域不同子流域底栖动物密度

龙溪河流域底栖动物生物量从季节上看，冬季最少（图3.2-15），春季和秋季之间无明显差异，夏季最多。

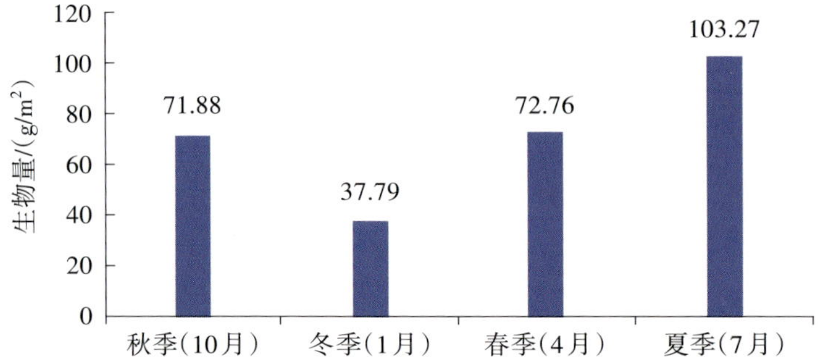

图 3.2-15　龙溪河流域不同季节底栖动物生物量

龙溪河流域底栖动物生物量从子流域上看(图 3.2-16),生物量较大的子流域是子流域 2 和 7,分别为 137.81 g/m^2、106.58 g/m^2。其余子流域生物量都较小,且子流域间区别不大,范围为 2.94—27.48 g/m^2。

由于有个体较大的软体动物出现,对结果影响较大,导致底栖动物生物量在时间和空间上并无明显变化规律。

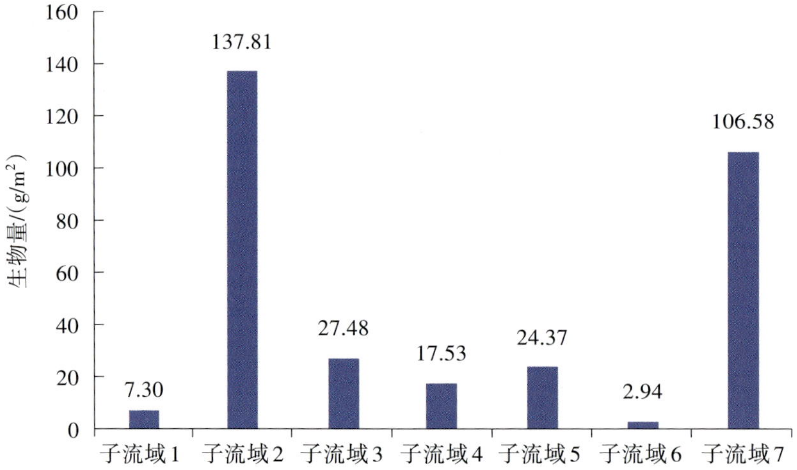

图 3.2-16　龙溪河流域不同子流域底栖动物生物量

(3)底栖动物优势种。

从数量上看,龙溪河流域底栖动物优势类群为蜉蝣目稚虫,其数量占总标本数量的 31.7%;摇蚊类数量次之,占 21.4%;毛翅目、甲壳动物和软体动物、寡毛类动物数量较少,分别占 8.7%、17.5%、10.5%。蛭纲数量最少,只占总标本数量的 0.65%。除了龙溪河支流上的大沙河、卧龙河、焦家河点位的大型底栖动物优势类群为蜉蝣目稚虫,其余点位的大型底栖动物优势类群多为摇蚊类、寡毛类和软体动物。

运用优势度计算公式对大型底栖动物优势种进行分析。优势度计算公式如下：

$$Y=(n_i/N)\ f_i$$

式中 N 为样品中所有种类的总个体数目；n_i 为第 i 种的个体数；f_i 为该种在各点位出现的频率；当物种优势度 $Y>0.02$ 时，该种即为优势种。

从表3.2-1可知，龙溪河流域不同季节底栖动物优势种不同，春季优势种为多足摇蚊、假二翅蜉、原二翅蜉、铜锈环棱螺等4种；夏季优势种为扇蟌、铜锈环棱螺、水丝蚓、锯齿新米虾等4种；秋季优势种为多足摇蚊、假二翅蜉、细蜉、铜锈环棱螺、水丝蚓等5种；冬季优势种为真开氏摇蚊、动蜉、原二翅蜉、水丝蚓等4种。

表3.2-1　龙溪河流域不同季节底栖动物优势种

季节	丰度	频率/%	优势度	优势种
秋季	28	0.30	0.025	多足摇蚊
	34	0.20	0.021	假二翅蜉
	77	0.30	0.070	细蜉
	25	0.35	0.027	铜锈环棱螺
	49	0.35	0.052	水丝蚓
冬季	94	0.65	0.163	真开氏摇蚊
	67	0.25	0.045	动蜉
	71	0.45	0.085	原二翅蜉
	20	0.40	0.021	水丝蚓
春季	82	0.45	0.046	多足摇蚊
	92	0.40	0.046	假二翅蜉
	112	0.35	0.049	原二翅蜉
	57	0.45	0.032	铜锈环棱螺
夏季	73	0.35	0.071	扇蟌
	20	0.45	0.025	铜锈环棱螺
	52	0.35	0.051	水丝蚓
	52	0.35	0.051	锯齿新米虾

注：丰度是指单位面积或单位体积中的生物体数量。

龙溪河流域不同子流域底栖动物优势种情况见表3.2-2。从子流域上来看，子流域1到子流域7分别有6—9种优势种。不同子流域其优势种不尽相同，个别优势种仅在一个子流域采集到，如红眼蟌、环足摇蚊仅在子流域1，菱跗摇蚊仅在子流域2。

个别优势种在多个子流域采集到，如扇蟌、水丝蚓、真开氏摇蚊等在5个子流域采集到，铜锈环棱螺、细蜉、原二翅蜉、动蜉等在4个子流域采集到，说明这些种类在流域范围内广泛分布。

表3.2-2　龙溪河流域不同子流域底栖动物优势种

子流域	丰度	频率/%	优势度	优势种
子流域1	7	0.500	0.034	环足摇蚊
	4	0.750	0.029	假二翅蜉
	23	0.750	0.167	扇蟌
	8	0.500	0.039	红眼蟌
	4	0.750	0.029	耳萝卜螺
	24	1.000	0.233	水丝蚓
	14	1.000	0.136	锯齿新米虾
子流域2	18	0.250	0.034	真开氏摇蚊
	10	0.500	0.038	原二翅蜉
	7	0.500	0.026	龙虱
	30	0.500	0.113	扇蟌
	9	0.750	0.051	铜锈环棱螺
	18	0.750	0.102	锯齿新米虾
子流域3	27	0.500	0.032	真开氏摇蚊
	17	1.000	0.041	细蜉
	80	0.750	0.144	原二翅蜉
	35	0.750	0.063	扇蟌
	30	1.000	0.072	铜锈环棱螺
	21	1.000	0.050	河蚬
	14	1.000	0.033	耳萝卜螺
	72	1.000	0.172	水丝蚓
子流域4	16	0.500	0.037	真开氏摇蚊
	10	0.750	0.034	多足摇蚊
	50	1.000	0.228	假二翅蜉
	17	1.000	0.078	动蜉
	8	0.750	0.027	细蜉
	8	0.750	0.027	纹石蛾
	14	0.500	0.032	环棱螺

续表

子流域	丰度	频率/%	优势度	优势种
子流域4	16	0.750	0.055	河蚬
	10	1.000	0.046	水丝蚓
子流域5	18	0.750	0.040	动蜉
	70	1.000	0.210	细蜉
	55	0.500	0.082	原二翅蜉
	8	1.000	0.024	扇蟌
	34	1.000	0.102	铜锈环棱螺
	14	0.500	0.021	环棱螺
	18	1.000	0.054	河蚬
	32	1.000	0.096	水丝蚓
子流域6	38	0.250	0.048	真开氏摇蚊
	9	0.500	0.023	隐摇蚊
	18	0.750	0.068	动蜉
	28	1.000	0.140	扇蟌
	14	0.750	0.053	铜锈环棱螺
	14	0.500	0.035	环棱螺
	13	1.000	0.065	水丝蚓
子流域7	15	0.250	0.020	真开氏摇蚊
	10	0.750	0.040	多足摇蚊
	12	0.500	0.032	纳塔摇蚊
	25	0.750	0.101	假二翅蜉
	52	0.250	0.070	动蜉
	16	0.500	0.043	细蜉
	17	0.500	0.046	原二翅蜉

3.2.3 浮游动物

3.2.3.1 样品采集与鉴定

(1)样品采集。

采集的浮游动物样品可分为定性样品和定量样品。样品现场采集如图3.2-17。

定性样品采集:用25#浮游生物网在水面下绕“8”字拖动3—5 min,然后从水中缓慢提出浮游生物网,使水样集中到网底的收集管内。打开收集管活塞,将样品注入浓缩样品瓶，立即加入约占水样1.0%—1.5%（体积分数）的鲁哥氏液固定，另取一样品，不加固定液，用于活体观察。枝角类、桡足类定性样品可用13#浮游生物网在水面下绕“8”字拖动3—5 min。将收集管内的水样注入浓缩样品瓶，加入约占水样5%（体积分数）的甲醛固定。

定量样品采集：轮虫和无节幼体的定量样品采用浮游藻类定量样品采集方法。枝角类、桡足类的定量样品，用采水器采水10 L，用13#浮游生物网过滤浓缩后注入样品瓶，加入约占水样5%（体积分数）的甲醛固定。定量样品应采集平行样品，平行样品数量应为采集样品总数的10%—20%，每批次应不少于1个。

图3.2-17　龙溪河流域浮游动物现场采集

（2）样品处理与鉴定。

所有样品应及时加贴标签，写明时间、地点等内容。把样品带回实验室后，保存在冰箱（4 ℃）内，借助显微镜和浮游动物分类工具书，2周内完成鉴定。

密度测定：原生动物密度测定可用浮游动物的浓缩样品，将水样摇匀，取0.1 mL样品置于0.1 mL计数框内，在显微镜下全片计数。测定轮虫和无节幼体密度时，将浮游动物的定量样品摇匀，取1 mL置于1 mL计数框内，在显微镜下全片计数。每个样品计数2片（误差不超过±15%），求出平均值，按公式计算出水样中原生动物、轮虫、无节幼体的密度。测定枝角类、桡足类原生动物密度时，将10 L过滤的浓缩样品摇匀，迅速吸取5 mL置于5 mL计数框内，在40倍显微镜下全片计数。每个样品计数2片（误差不超过±15%），求出平均值，按公式计算出水样中枝角类、桡足类原生动物的密度。

体重测定：由于浮游动物近似几何形状，在显微镜下可测得该种浮游动物计算体积所需的数据，故按体积公式计算其体积。浮游动物的密度接近于水的密度，体积与密度相乘，得到该种浮游动物的体重（湿重），1个无节幼体可按0.003 mg湿重计算。枝角类和桡足类样品可通过不同孔径的金属分样筛筛选出不同规格的，在实体显微镜下挑选出体形正常、规格接近的个体测量其体长，枝角类样品从头部顶端（不含头盔）测量至壳刺基部，桡足类样品从头部顶端测量到尾叉末端。将体长一致的个体放置在已烘干至恒重的载玻片上称量，一般选取30—50个，体形较小的选取100个以上称重。用滤纸吸收多余的水分，迅速用电子天平测量湿重，在恒温干燥箱中（70℃）烘干至恒重，再将样品放在天平上称其干重，利用体长—体重回归方程式，由体长求得体重。

3.2.3.2 **调查与监测结果**

（1）浮游动物物种组成。

2021—2022年度龙溪河流域春、夏、秋、冬4次浮游动物调查结果表明，该流域共分布有浮游动物148种，属3门4纲13目29科70属（见表3.2-3，附表7）。其中，原生动物42种，占总物种数的28.4%；轮虫动物67种，占比45.3%；节肢动物39种，占比26.4%。从物种数量上看，本次调查结果表明龙溪河流域浮游动物以轮虫为主，其次是枝角类和桡足类。原生动物中，根足纲物种分布有26种，纤毛纲物种分布有16种，分别占总物种数的17.6%和10.8%。（水生）节肢动物中，枝角类分布有24种，桡足类分布有15种。调查发现，龙溪河流域秋季浮游动物物种数量最多，其次是夏季，最少的是春季（图3.2-18）。

表3.2-3　龙溪河流域浮游动物物种组成

门	纲	目	科	属	种	种占比/%
原生动物门	根足纲	2	4	7	26	17.6
	纤毛纲	5	5	8	16	10.8
轮虫动物门	轮虫纲	2	9	30	67	45.3
节肢动物门	甲壳纲	4	11	25	39	26.4
合计		13	29	70	148	100

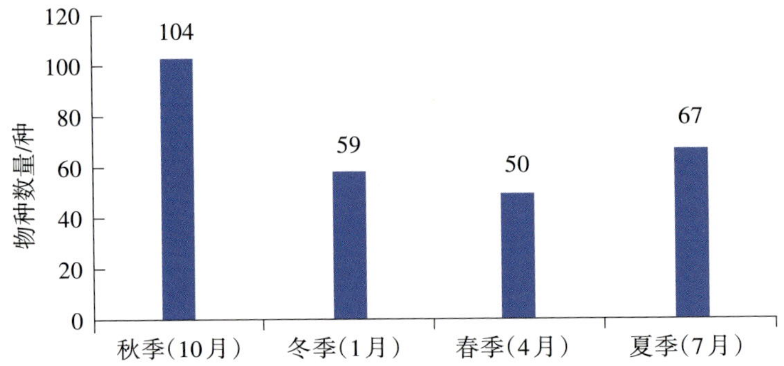

图 3.2-18　龙溪河流域不同季节浮游动物物种数量

龙溪河流域不同季节浮游动物物种数韦恩图显示(图3.2-19),4个季节均有分布的浮游动物有3种,分别是无节幼体、普通表壳虫和近亲拟剑水蚤。

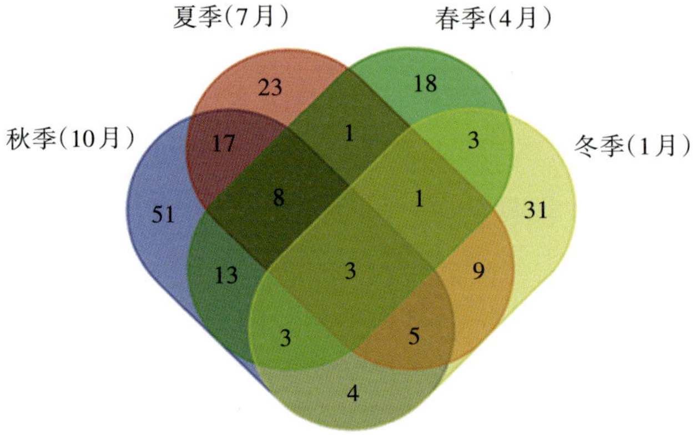

图 3.2-19　龙溪河流域不同季节浮游动物物种数比较

比较龙溪河各子流域浮游动物物种数量发现,子流域5的浮游动物物种数量最多,达到97种,其次是子流域6为83种,子流域1和子流域7分别有63和62种,其余子流域浮游动物物种数量均在60种以下(图3.2-20)。各流域均有分布的物种包括近亲拟剑水蚤、针簇多肢轮虫、匣壳虫、钟形钟虫、蒲达臂尾轮虫、角突臂尾轮虫、针棘匣壳虫、无节幼体、壶状臂尾轮虫、萼花臂尾轮虫、囊形单趾轮虫、曲腿龟甲轮虫等16种。

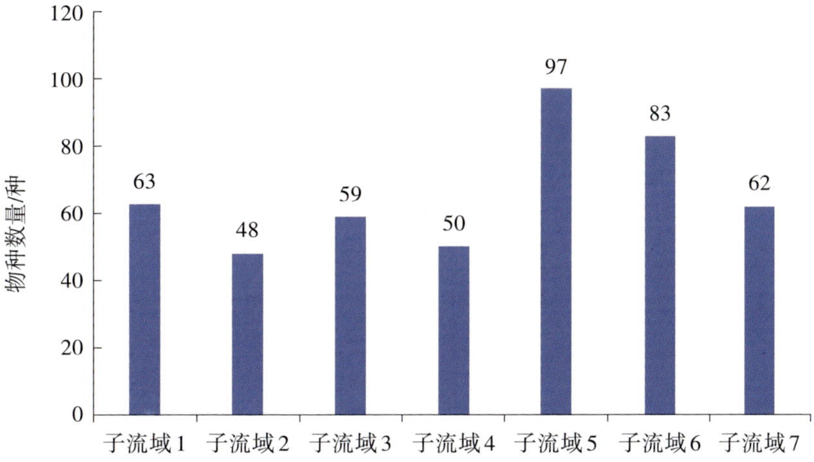

图3.2-20　龙溪河流域不同子流域浮游动物物种数量

（2）浮游动物密度与生物量。

龙溪河流域浮游动物密度均值为168.7个/L，各采样断面中，石堰镇（长寿湖入口）点位的密度最大，达到606.9个/L，大沙河（杠家镇）点位的密度最小，仅为9.5个/L。4个季节中，夏季的浮游动物密度最大（383.7个/L），其次是秋季（212.8个/L），最小为春季，仅为24.0个/L（图3.2-21）。龙溪河流域不同子流域中，浮游动物密度最大的是子流域5，达到356.95个/L，最小的是子流域4，密度仅为69.20个/L（图3.2-22）。

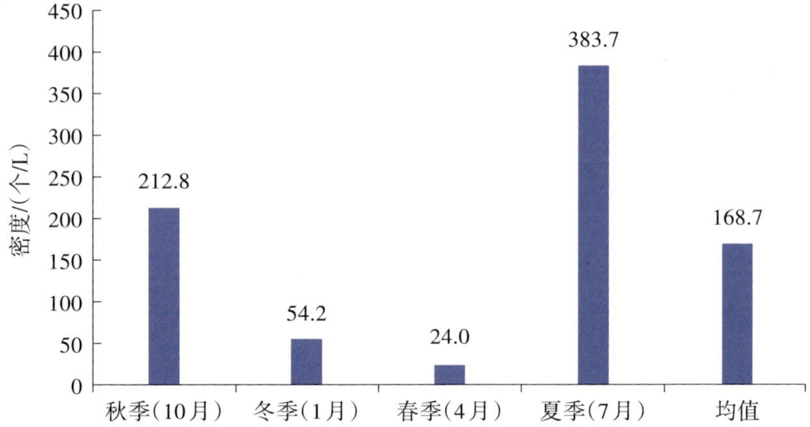

图3.2-21　龙溪河流域不同季节浮游动物密度比较

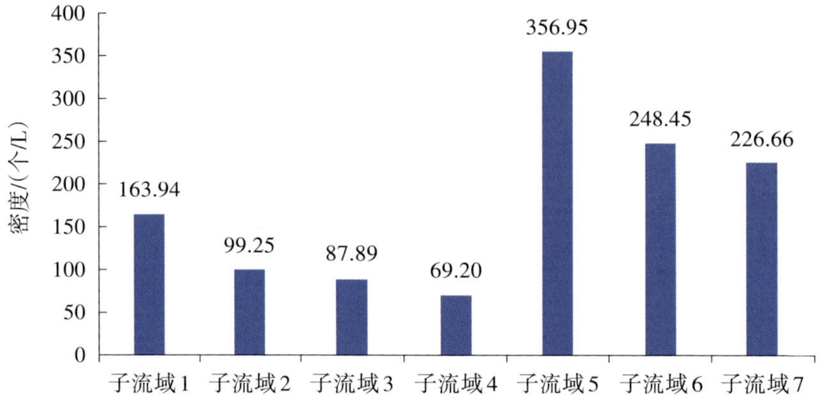

图3.2-22 龙溪河流域不同子流域浮游动物密度比较

龙溪河流域浮游动物的生物量均值为0.386 mg/L，生物量最大的断面为焦家河点位，达到1.157 mg/L，最小的为大沙河（杠家镇）点位，仅0.036 mg/L（表3.2-4）。4个季节中，生物量（均值）最大的是夏季，达到0.623 mg/L，其次是秋季，为0.590mg/L，最小为冬季，仅0.076 mg/L（图3.2-23）。各子流域中生物量最大的是子流域7，为0.704 mg/L，生物量最小的是子流域3，为0.123 mg/L（图3.2-24）。

表3.2-4 龙溪河流域浮游动物调查情况统计

序号	监测点名称	密度/(个/L)					生物量/(mg/L)				
		秋	冬	春	夏	均值	秋	冬	春	夏	均值
1	梁平城区	11	51	62	186	77.4	0.172	0.135	0.845	0.134	0.321
2	川西河	178	164	20	459	205.3	0.794	0.151	0.081	0.780	0.452
3	和林镇	24	10	58	366	114.5	0.002	0.001	0.390	0.227	0.155
4	七涧河	20	108	34	164	81.5	0.020	0.039	0.184	0.151	0.099
5	回龙河（大河桥）	10	5	6	92	28.2	0.001	0.001	0.084	0.061	0.037
6	普顺镇	62	6	16	848	233.0	0.053	0.001	0.138	0.339	0.133
7	永安镇	19	11	6	26	15.6	0.094	0.001	0.000	0.003	0.025
8	桂溪河	13	12	12	112	37.2	0.002	0.001	0.196	0.118	0.079
9	高峰镇	103	24	4	70	50.4	0.626	0.004	0.040	0.320	0.248
10	卧龙河（太平镇）	92	16	6	205	79.8	0.043	0.003	0.118	0.269	0.108
11	垫江六剑滩	615	204	50	239	277.2	1.688	0.077	0.990	0.397	0.788
12	大沙河	232	66	24	459	195.3	1.586	0.020	0.464	0.520	0.647
13	大沙河（杠家镇）	11	11	4	12	9.5	0.002	0.063	0.078	0.001	0.036
14	石堰镇（长寿湖入口）	442	38	2	1946	606.9	0.236	0.021	0.038	3.791	1.021

续表

序号	监测点名称	密度/(个/L)					生物量/(mg/L)				
		秋	冬	春	夏	均值	秋	冬	春	夏	均值
15	打渔溪(海棠镇)	260	94	54	605	253.3	0.011	0.082	0.200	0.730	0.256
16	大石中桥	43	103	8	365	129.8	0.241	0.520	0.158	0.443	0.340
17	长寿湖湖心	708	30	8	194	235.0	2.727	0.002	0.077	0.429	0.809
18	打鱼河	574	30	56	579	309.8	0.255	0.010	0.783	2.177	0.806
19	但渡镇(运输桥)	165	7	44	92	77.0	0.326	0.003	0.246	0.253	0.207
20	焦家河	674	94	6	655	357.2	2.927	0.382	0.006	1.315	1.157

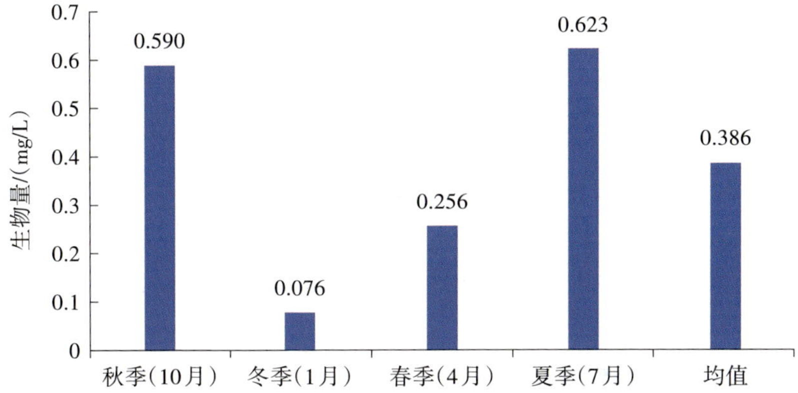

图 3.2-23　龙溪河流域不同季节浮游动物生物量比较

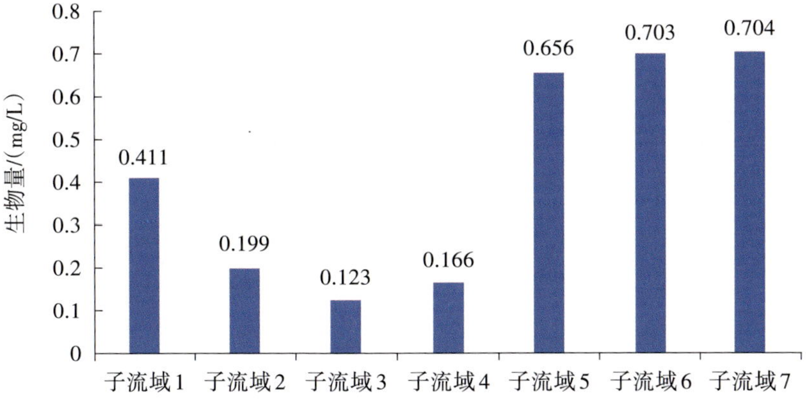

图 3.2-24　龙溪河流域不同子流域浮游动物生物量比较

(3)浮游动物优势种。

龙溪河流域4个季节浮游动物调查表明,秋季的优势种有跨立小剑水蚤、方块鬼轮虫、钟虫、角突臂尾轮虫、萼花臂尾轮虫、前节晶囊轮虫、无节幼体、杯形似铃壳虫、针簇多肢轮虫、剪形臂尾轮虫、尾突臂尾轮虫、花篋臂尾轮虫和裂足臂尾轮虫等13种；冬季的优势种为砂壳虫、独角聚花轮、钟虫、角突臂尾轮虫、蒲达臂尾轮虫、螺形龟甲轮虫、似铃壳虫、尖顶砂壳虫、针棘匣壳虫、近亲拟剑水蚤等10种；春季的优势种为砂壳虫、转轮虫、花篋臂尾轮虫、小长圆针棘匣壳虫、方形网纹溞、匣壳虫、长额象鼻溞、腹突荡镖水蚤、近亲尖额溞、近亲拟剑水蚤、萼花臂尾轮虫等11种；夏季的优势种为囊形单趾轮虫、角突臂尾轮虫、无节幼体、针簇多肢轮虫、螺形龟甲轮虫、奇异巨腕轮虫、裂足臂尾轮虫、橘色轮虫、无节幼体、萼花臂尾轮虫等10种。各季节没有共有的优势种(图3.2-25)，即各季节的优势种存在较大差异。

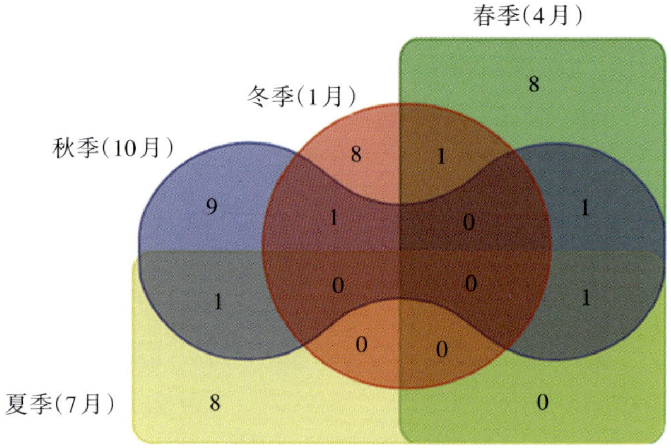

图3.2-25　龙溪河各季节浮游动物优势物种韦恩图

龙溪河各子流域中，子流域1的优势种是方块鬼轮虫、钟虫、小长圆针棘匣壳虫、无节幼体；子流域2的优势种为方块鬼轮虫、橘色轮虫、花篋臂尾轮虫、角突臂尾轮虫；子流域3的优势种为萼花臂尾轮虫、钟形钟虫、长额象鼻溞、角突臂尾轮虫；子流域4的优势种为萼花臂尾轮虫、蒲达臂尾轮虫、匣壳虫、曲腿龟甲轮虫；子流域5的优势种为角突臂尾轮虫、针簇多肢轮虫、近亲拟剑水蚤、奇异巨腕轮虫；子流域6优势种为针簇多肢轮虫、尖顶砂壳虫、近亲尖额溞、萼花臂尾轮虫；子流域7的优势种为花篋臂尾轮虫、无节幼体、长额象鼻溞。从空间分布来看，各个子流域浮游动物的优势种区别较大，仅有个别优势种在相邻子流域有分布。

3.2.4 藻类

3.2.4.1 样品采集与鉴定

(1)样品采集。

①浮游藻类。

定性样品采集:将25#浮游生物网系于竹竿或绳索上,网口向前,在各调查点水面下绕“8”字拖动3—5 min,然后从水中缓慢提出,使水样集中到网底的收集管内,打开收集管活塞,将样品注入浓缩样品瓶中,加入约占水样0.5%(体积分数)的甲醛固定。

定量样品采集:应在定性样品采集之前进行。根据水深用采水器在目标水样层采水(每个样品采水大于1 L),随后立即加入占水样1.0%—1.5%(体积分数)的鲁哥氏液固定。应采集平行样品,平行样品数量应为采集样品总数的10%—20%,每批次应不少于1个。将水样带回实验室,摇匀后用量筒量取1 000 mL,倒入沉淀瓶内,静置24—36 h。用虹吸管(插入水中的一端应用25#筛绢封盖)缓慢吸去上层清液,保留瓶底部的沉淀浓缩液(50 mL左右),倒入浓缩样品瓶(每瓶标记30 mL刻度),用少量蒸馏水冲洗沉淀瓶的内壁和底部2—3次,冲洗液均倒入浓缩样品瓶中,将浓缩样品瓶继续静置沉淀24 h以上,最后虹吸、定容到30 mL。

②着生藻类。

根据采样河段不同生境类型,选用以下不同方法进行采样。

底质为砂砾、卵石、圆石及树木残骸的河段:从水中移出底质,在表层刷下藻类的代表性区域,用蒸馏水冲洗入样品瓶。底质为苔藓、大型藻类、维管植物、根块的河段:取植物的一部分,放入样品瓶,加少量蒸馏水,大力摇动、轻轻刮擦,清除藻类,然后将植物从样品瓶中移走。底质为河床岩石、原木等的河段:将一端带有橡胶圈的PVC管置于底质上,使橡胶圈与底质接触,用牙刷或刮刀将管中的藻类刮下,再用移液器将其移出。底质为沙、淤泥、微小颗粒有机物、黏土的河段:在培养皿内插入刮刀,将培养皿倒置在底质上,再取出培养皿中的底质,洗入样品瓶中。除了刮刀外,还可使用汤匙、镊子或移液器。

取样后立即加入占样品水量1%(体积分数)的甲醛固定,贴好标签。每个样点应刮取2个面积基质上的着生生物。将所取样品带回实验室,静置沉淀24 h,吸去上清液,定容到30 mL(如样品量<30 mL,应补充蒸馏水至30 mL),用于定性、定量测定。

样品采集现场监测如图3.2-26所示。

图3.2-26　龙溪河流域浮游藻类和着生藻类现场监测

(2)样品处理与鉴定。

①浮游藻类。

所有样品及时加贴标签,写明时间、地点等内容。样品带回实验室后,在冰箱(4 ℃)内保存,借助显微镜和淡水藻类分类工具书,2周内完成鉴定。以硅藻为主的样品参照《水生态监测技术指南　河流水生生物监测与评价(试行)》(HJ1295—2023)进行消解处理。

密度计算:采用视野计数法。用0.1 mL计数框,在显微镜视野下进行浮游植物的鉴定和计数,视野均匀地分布在计数框内,按公式计算浮游植物密度。每个样品计数2片,每片计数的视野数根据浮游植物的密度大小而定,应选取2片的平均值作为有效值(误差需要控制在±15%)。

生物量计算:采用单位体积中浮游植物的生物量(湿重)作为定量单位。浮游植物体积太小,无法直接称重,但大多数种类的细胞较为规则,可按其近似的几何图形在显微镜下测定所需数据(长度、高度、直径等),再按体积公式计算体积;形状不规则的浮游植物,可将其分为几个规则的部分,分别测量、计算体积,然后求和得到浮游植物体积。

②着生藻类。

所有样品及时加贴标签,写明时间、地点等内容。样品带回实验室后,在冰箱(4 ℃)内保存,借助显微镜和淡水藻类分类工具书,2周内完成鉴定。

着生藻类密度、生物量计算参照浮游藻类。

3.2.4.2 调查与监测结果

(1)藻类物种组成及分布。

①浮游藻类。

2021—2022年度龙溪河流域春、夏、秋、冬季4次浮游藻类调查，共采集到9门42科76属278种(表3.2-5，附表8)。其中，种数较多的是硅藻门11科24属124种，其次是绿藻门17科27属73种、蓝藻门4科14属51种和裸藻门2科3属17种，其余的红藻门、隐藻门、甲藻门、金藻门、黄藻门均只有个别种类。

表3.2-5 龙溪河流域浮游藻类组成

门 类	科	属	种	(种)占总种数百分比/%
蓝藻门 Cyanophyta	4	14	51	18.345
隐藻门 Cryptophyta	2	2	4	1.439
红藻门 Rhodophyta	1	1	1	0.360
黄藻门 Xanthophyta	1	1	1	0.360
金藻门 Chrysophyta	1	1	2	0.719
甲藻门 Pyrrophyta	3	3	5	1.799
硅藻门 Bacillariophyta	11	24	124	44.604
裸藻门 Euglenophyta	2	3	17	6.115
绿藻门 Chlorophyta	17	27	73	26.259
合计	42	76	278	100

从春夏秋冬4个季节来看，秋季龙溪河藻类种类繁多、分布广，主要为淡水中的普生类群，以硅藻门的种类最多，这也是河流藻类组成的基本特征之一。秋季共采集到浮游藻类共计有174种，分属6门28科52属，其他3个季节浮游藻类的种类数差异不明显。冬季采集到107种，分属8门34科49属；春季采集到111种，分属7门30科47属；夏季采集到104种，分属7门30科47属。

从子流域的物种分布分析中发现，在7个子流域中均采集到的浮游藻类有34种，各个子流域的种类差异比较明显，只在各个子流域采集到的种类数为6—19种(图3.2-27)。

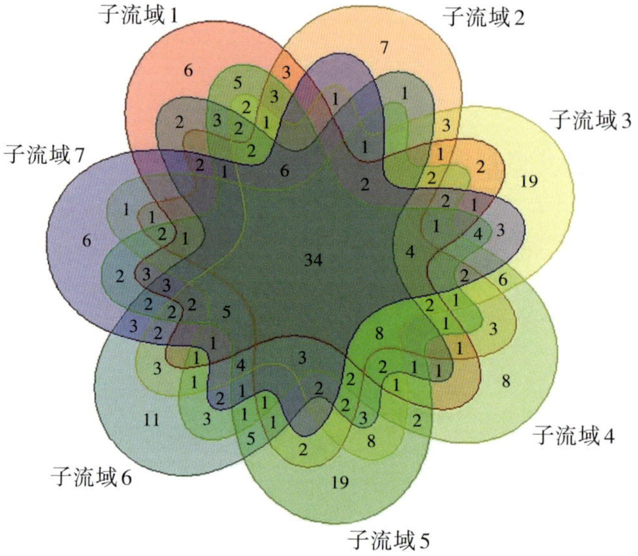

图3.2-27　龙溪河流域不同子流域浮游藻类种类比较

②着生藻类。

2021—2022年度龙溪河流域春、夏、秋、冬季4次着生藻类调查，共采集到着生藻类20科30属91种（附表9）。其中种类数最多的是硅藻门（10科16属）60种，其次是蓝藻门（1科3属）16种和绿藻门（7科9属）13种，其余红藻门和黄藻门各（1科1属）1种（表3.2-6）。

表3.2-6　龙溪河流域着生藻类组成

门类	科	属	种	（种）占总种数百分比/%
蓝藻门 Cyanophyta	1	3	16	17.582
红藻门 Rhodophyta	1	1	1	1.099
黄藻门 Xanthophyta	1	1	1	1.099
硅藻门 Bacillariophyta	10	16	60	65.934
绿藻门 Chlorophyta	7	9	13	14.286
合计	20	30	91	100

从4个季节来看，龙溪河着生藻类冬季采到的种类数最多，共61种，分属于4门33科49属；其次是秋季，共52种分属于3门26科25属；春季和夏季区别不大，分别为（4门16科22属）46种和（4门18科26属）48种。

从子流域的物种分布分析中发现，在7个子流域中均采集到的着生藻类有17

种(图3.2–28),只在各个子流域采集到种类为0—8种,子流域5采集到的该流域特有种类最多,有8种,子流域7则没有采集到其特有的种类。

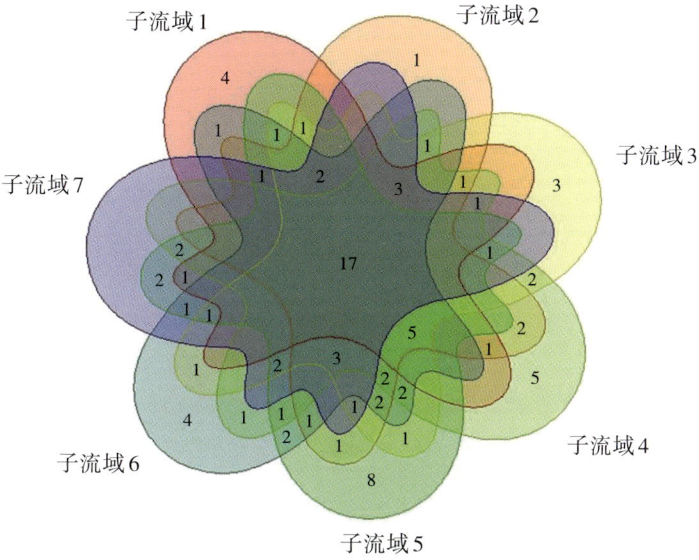

图3.2–28　龙溪河流域不同子流域着生藻类种类比较

(2)藻类种群密度及生物量。

浮游藻类的种群密度与采样时间、采样点的水流速度、采样时的气温、采样时的水温、透明度等因素有很大的关系。总体上,流水环境下的采样点,浮游藻类的种群密度和生物量相对较小。着生藻类的种群密度和生物量在各个采样点也有很大差异,总体表现为,有鹅卵石、水草、枯枝等基质的采样点,着生有大量的丝状体藻类,虽然种类单一,但密度和生物量大。底栖的硅藻在浅水环境中种类多,密度和生物量也大,在深水环境中因受到光的限制,种群密度和生物量小或者接近0。

龙溪河流域藻类在不同季节的种群密度及生物量比较结果见图3.2–29至图3.2–32。秋季,龙溪河流域藻类种类繁多,优势种不明显,硅藻门的种类最多。同时,在水流平缓的一些采样点,蓝藻门微囊藻属、蓝藻门长孢藻属、硅藻门的颗粒直链藻最窄变种等藻类的种群密度和生物量有所增加,趋于平稳状态。冬季,重庆的气温和水温较低,水体有机质含量不高,蓝藻门和绿藻门种类的生长繁殖受到抑制,其种群密度和生物量低于硅藻门种类。春季,气温和水温逐渐升高,蓝藻门、绿藻门和隐藻门种类的生长繁殖迅速,在大部分的采样点都有分布。各采样点除硅藻门外,其他藻类种群密度和生物量差异不大。夏季,气温和水温达到全年最高,适宜蓝藻门、硅藻门、绿藻门等藻类的生长,特别是蓝藻门的一些种类,生长速度达到了全年的最高峰。永安镇、高峰镇、垫江六剑滩、石堰镇(长寿湖入口)等4个点位仅蓝藻门的种群密度在70 000个/L以上。

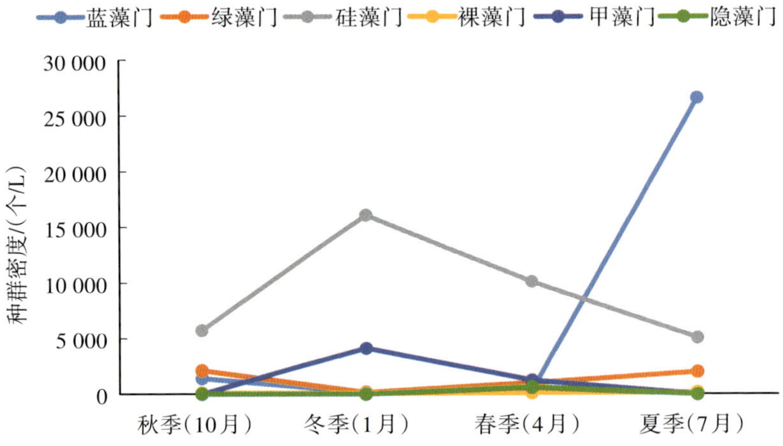

图3.2-29　龙溪河流域不同季节浮游藻类的种群密度比较

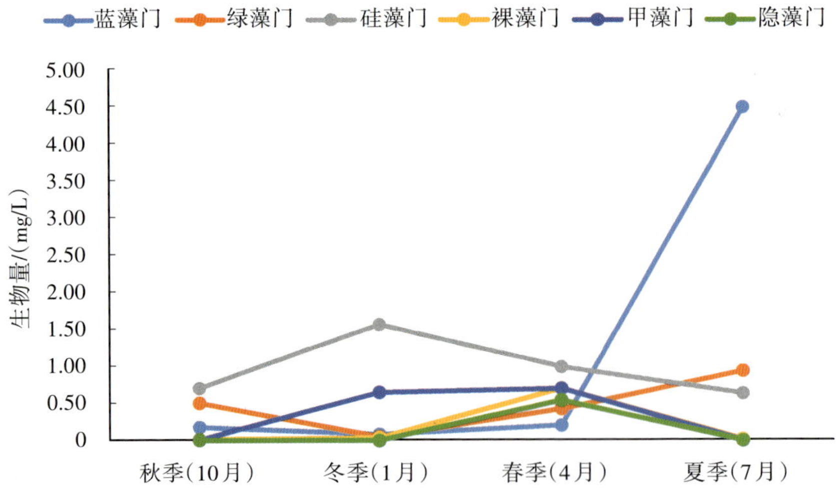

图3.2-30　龙溪河流域不同季节浮游藻类的生物量比较

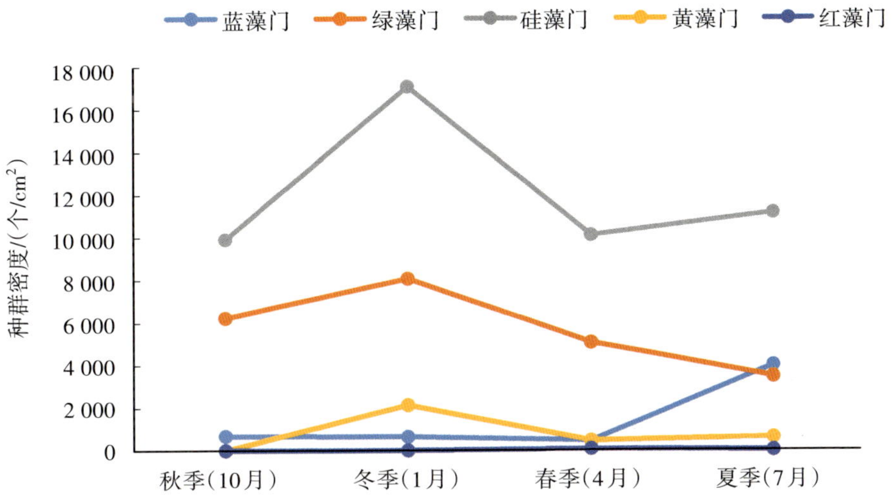

图 3.2-31 龙溪河流域不同季节着生藻类的种群密度比较

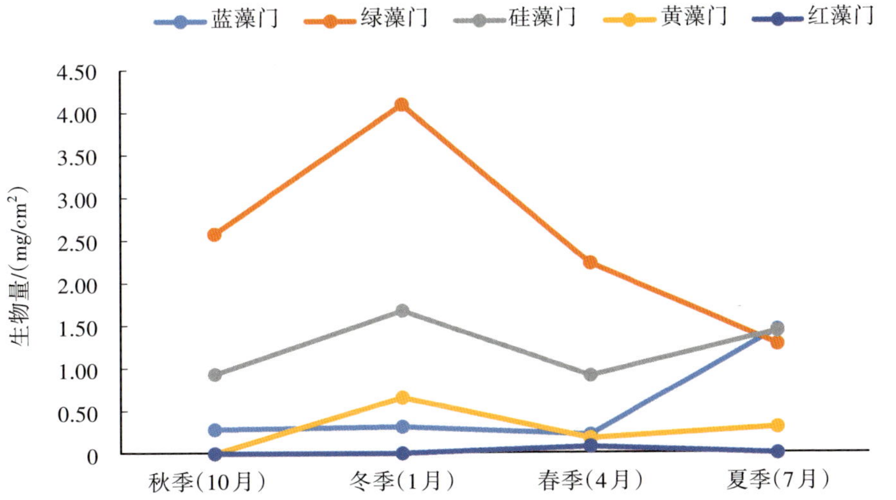

图 3.2-32 龙溪河流域不同季节着生藻类的生物量比较

(3)指示藻类分布及分析。

指示藻类(indicate algae)是指对环境某些物质产生反应,能反映各种环境生态学信息的藻类,这些藻类的存在或消失可作为环境质量的监测指标。藻类的组成会随着水体本身的自净力、污染源远近、污染物性质等的不同而发生相应变化,同一属的种类其耐污程度(或指示作用)可能不同。如裸藻属(*Euglena*)的绿色裸藻

(*Euglena viridis*)是最耐污的种类,而同属的易变裸藻(*E.mutechilis*)就不耐有机污染。另一方面,如果污染物的种类和性质差别很大,藻类对它们的反应也各不相同。根据这些现象,龙溪河流域生态健康评估提出了一个指示河流有机污染的污水生物系统,在不同污染带选择不同的指示生物,其中大量的指示生物是藻类,并运用这一系统来评价水质的污染程度。该系统在监测、评价河流的污染、自净程度等方面有积极的作用。该系统把河流水体污染程度划分为5个带,即多污带(polysaprobic zone)(重污带)、α-中污带(α-mesosaprobic zone)(强中污带)、β-中污带(β-mesosaprobic zone)、微污带(oligosaprobic zone)和清洁带(kathaobic zone)。每一带水体中都生存着不同的藻类。龙溪河流域春、夏、秋、冬4个季节不同子流域指示藻类的分布情况见附表10至附表13。

秋季,龙溪河流域有极常出现在各水体的指示藻类49种,不包括常出现、偶出现的种类。其中,极常出现于β-中污带水体中的指示藻类有22种,占极常出现在各水体的指示藻类总数的44.9%,无多染带指示藻类。β-中污带水体和微污带水体中的指示藻类共有36种,占极常出现在各水体的指示藻类总数的73.5%,说明秋季龙溪河流域水体状况为中度污染。

冬季,龙溪河流域有极常出现在各水体的指示藻类50种,不包括常出现、偶出现的种类。其中,极常出现于β-中污带水体中的指示藻类种类最多,有30种,占极常出现在各水体的指示藻类总数的60.0%。1种多污带水体中的指示藻类出现在梁平城区、川西河和大石中桥等3个采样点。β-中污带水体和微污带水体中的指示藻类种类,共41种,占极常出现在各水体的指示藻类总数的82.0%,说明冬季龙溪河流域水体状况为中度污染。

春季,龙溪河流域有极常出现在各水体的指示藻类44种,不包括常出现、偶出现的种类。其中,极常出现于β-中污带水体中的指示藻类种类最多,有26种,占极常出现在各水体的指示藻类总数的59.1%。1种多污带水体中的指示藻类分布在梁平城区、和林镇、大石中桥和桂溪河等4个点位。β-中污带水体和微污带水体中的指示藻类种类,共有35种,占指示藻类总数的79.5%,说明春季龙溪河流域的水体状况为中度污染。

夏季,龙溪河流域有极常出现在各水体的指示藻类52种,不包括常出现、偶出现的种类。其中,极常出现于β-中污带水体中的指示藻类种类最多,有38种,占极常出现在各水体的指示藻类总数的73.1%。1种多污带水体中的指示藻类在和林镇、川西河、桂溪河、回龙河(大河桥)、打渔溪(海棠镇)、焦家河和打鱼河等7个点位分布。说明夏季龙溪河流域水体状况为中度污染。

综合可知，龙溪河流域春、夏、秋、冬4个季节在β-中污带水体和微污带水体中极常出现的指示藻类种类最多，4个季节均为70%以上，表明龙溪河流域水体为中度污染。多污带水体指示藻类多出现在梁平城区、和林镇、大石中桥和桂溪河等点位，此几处点位也是龙溪河流域水质较差的区域，水质多为Ⅳ类和Ⅴ类。指示藻类对水质的反馈与龙溪河流域地表水质监测结果基本吻合。

3.3 水域生境现状调查

3.3.1 水域生态敏感区现状

3.3.1.1 水域自然保护区

龙溪河流域范围内的水域自然保护区有1个，即长寿湖风景名胜区。长寿湖被誉为“西南内海”，是西南地区最大的人工湖泊，位于重庆主城东北方向，长寿区、垫江县和涪陵区交界处，介于北纬29.54°—30.50°、东经107.19°—107.25°之间。长寿湖风景名胜区定位为以“湖、岛、山”山水风光为核心，自然和人文景观协调统一，集旅游观光、休闲度假于一体的湖泊型市级风景名胜区（图3.3-1）。长寿湖风景名胜区总面积266.73 km^2，分为4个区域。自然景观保护区，包括主体水面、环湖消落带常年水位线外延100—400 m、高程330—350 m之间的区域，北部的大河和小河流域源头水地区、东部自然植被较为完整的山体，面积约147.20 km^2；风景游览区，包括高峰岛、大坪岛、三台堡、寿山、壶梁、团三堡等群岛或半岛，小河流域的心印岛、心悦岛、连理岛、翡翠岛，万寿村森林游览区，大河流域高庙沿湖生态农业观光区，面积约12.83 km^2；风景恢复区，包括风景区边缘自然植被稀松、易诱发地质灾害、水土流失和面源污染相对严重的地区，面积约51.17 km^2；发展控制区，风景区内以上3类区域以外的地区，面积约55.53 km^2。长寿湖风景名胜区岛屿众多、浅滩成片，分布有大量的珍稀动植物，包括：南方红豆杉、水杉、银杏、篦子三尖杉、杜仲、楠木、厚朴、红椿、木莲等9种珍稀濒危植物；各种鸟类33属42种，包括天鹅、鸳鸯、绿头鸭、凤头鸭、斑嘴鸭、秋沙鸭等6种国家保护鸟类。

图3.3-1　长寿湖风景名胜区

3.3.1.2 种质资源保护区

(1)流域内珍稀保护鱼类。

根据相关文献资料，分布于龙溪河流域的长江上游特有鱼类有11种，为岩原鲤、四川华吸鳅、厚颌鲂、异鳔鳅鮀、四川白甲鱼、华鲮、黑尾近红鲌、长鳍吻鮈、张氏䱗、点纹银鮈、双斑副沙鳅等。被列入重庆市重点保护水生野生动物名录的鱼类有岩原鲤、四川华吸鳅、中华间吸鳅和鳍等4种。流域范围内有国家I级重点保护野生动物中华鲟，资料显示流域中的中华鲟为长寿湖养殖种。此次龙溪河流域鱼类资源调查的50种渔获物中，没有国家级保护物种，也没有重庆市重点保护物种，仅包括中国特有种19种，其中长江上游特有种5种，为张氏䱗、厚颌鲂、黑尾近红鲌、点纹银鮈、双斑副沙鳅等。龙溪河流域珍稀保护鱼类名录见表3.3-1。

表3.3-1　龙溪河流域珍稀保护鱼类名录

序号	种类	生活习性	目前分布水域	长江上游特有	重庆市重点保护
1	岩原鲤	急流环境底栖，杂食性	河口区	√	√
2	中华间吸鳅	底栖，杂食性小型鱼类，栖息在江河急流	山溪性支流		√
3	四川华吸鳅	底栖，杂食性小型鱼类，栖息在江河急流	山溪性支流	√	√
4	厚颌鲂	栖息在水体中下层，杂食性，繁殖依赖于流水环境	主要在河口区	√	

续表

序号	种类	生活习性	目前分布水域	长江上游特有	重庆市重点保护
5	异鳔鳅鮀	底栖，食无脊椎动物	河口区，龙溪河干流	√	
6	四川白甲鱼	急流环境底栖，植食性	河口区，龙溪河支流	√	
7	华鲮	急流环境底栖	河口区，龙溪河支流	√	
8	黑尾近红鲌	栖息在缓水区，喜水草基质，杂食偏肉食性	河口区，龙溪河干流	√	
9	长鳍吻鮈	栖息在急流险滩，食淡水壳菜、河蚬等	河口区，龙溪河支流	√	
10	点纹银鮈	栖息在水体中下层、缓水区，杂食性	河口区，龙溪河干流	√	
11	双斑副沙鳅	底栖，食水生昆虫和无脊椎动物	河口区，龙溪河干流	√	
12	张氏䱗	栖息在水体中上层，杂食性	河口区，龙溪河干流	√	
13	鳍	杂食性偏肉食性，繁殖依赖于流水环境	河口区		√

(2)鱼类产卵场。

龙溪河梯级开发程度较高，流域内基本无自然河段，未发现长鳍吻鮈等产漂流性卵鱼类产卵场，流域的产卵场多为产粘沉性卵鱼类产卵场。此类产卵场需要的水域条件主要为静流或静缓流。产卵基质环境主要可划分为两类：一类为产粘草基质卵鱼类产卵场，产卵基质为水草，其产卵场多在静水或缓流的河汊、河湾、河流的故道及河流沿岸缓流水域；另一类为产粘砾石基质卵鱼类产卵场，产卵场多要求有静流的砾石或礁岩河滩，产出的卵粘于砾石上或落入石缝间发育，这类产卵水域在龙溪河流域随着干、支流各级水利枢纽的建成而萎缩。在龙溪河干、支流，产粘草基质卵鱼类产卵场主要有7处：干流有大顺桥至中堡滩电站大坝产卵场、罗公塘至高洞电站大坝产卵场、高洞电站大坝至六剑滩电站大坝产卵场；支流有桂溪河罗安桥至滑滩桥（三河口）产卵场、回龙河瓦坝桥至回龙堤坝产卵场、广湖桥至三河口鱼类产卵场、大沙河枫家岭电站大坝以下至高洞电站大坝产卵场。产粘砾石基质卵鱼类产卵场有2处，为下硐电站至长江入口产卵场和大缺口至三洞桥产卵场。龙溪河流域部分产卵场现场情况见图3.3-2。

(a)高洞电站大坝至六剑滩电站大坝产卵场(粘草)

(b)大顺桥至中堡滩电站大坝产卵场(粘草)

(c)大缺口至三洞桥产卵场(粘砾石)

图3.3-2　龙溪河流域部分产卵场现场

(3)索饵场。

鲤、鲫等杂食性鱼类索饵场的基本环境特征是水生植物丰富,缓流或静水,水深0—0.5 m,其间有砾石、礁石、沙质岸边。这些区域鱼类易躲避敌害,同时小型饵料丰富,敌害生物少,有利于幼鱼存活。鳜属、鲇科、鲿科等以鱼类为食,其索饵场随其生活习性及摄食鱼群的分布而分布。

根据现场调查,龙溪河流域干流水电站建设时间较早,各级电站库区浅水区植被已逐渐恢复,这些区域会给附近的水生生物提供较多的饵料资源,且水生植物较多也适宜索饵的鱼类躲避敌害,有利于幼鱼存活。此外,产粘草基质卵鱼类产卵场附近砂砾石和水生植被较多,一般也是鱼类适宜的索饵场所,因此流域范围内索饵场与产粘草基质卵鱼类产卵场高度重合。

(4)越冬场。

鱼类在越冬期一般栖息在水体较深、流速较缓的潭、沱中。龙溪河干、支流梯级电站建成后,存在长短不一的库区段,其水深较深、流速较缓的区域是流域内鱼类的主要越冬场所。

3.3.2 外来物种入侵现状

受流域内水利工程建设、河道渠道化、废水排放等因素影响，龙溪河流域河道小生境多样性降低，指示性物种数量减少，外来入侵物种增加，部分河段本土挺水植物、沉水植物基本绝迹，水葫芦、水花生等外来物种分布较广。研究人员在龙溪河流域调查水生生物时，观测到有福寿螺、克氏原螯虾2种外来入侵底栖动物，广泛分布在流域中下游的河流、水塘、稻田内，但种群密度总体上较小。在调查龙溪河流域鱼类资源时，共捕获到食蚊鱼、麦瑞加拉鲮2种外来种。其中食蚊鱼在梁平城区和打渔溪（海棠镇）2个点位共捕捞到3尾，麦瑞加拉鲮在长寿湖湖心点位捕捞到1尾。食蚊鱼原产美国，无食用价值，因它嗜食蚊子幼虫也具有观赏价值被引入中国，分布于长江以南诸多地区。其喜静水水域，擅长捕食各种孑孓，能消灭传播疟疾和黄热病病源的蚊子幼虫；适应性强，能在3 g/L的盐水及含一定酸碱性的水体中生活，在长期缺氧的臭水体中，部分个体仍能生存并吞食孑孓。在长寿湖湖心捕捞到麦瑞加拉鲮，表示在该点位可能有一定种群。麦瑞加拉鲮属印度四大养殖鱼类之一，1982年从印度引入我国，目前已成为我国各地池塘混养的优良品种，是广东、广西、海南、福建、云南一带重要的经济型鱼种。

3.3.3 人类活动干扰状况

人类活动对水域生境最大的干扰是修建了较多的电站大坝，切断了天然河流，破坏了其原有的连通性。龙溪河流域干、支流共有33座电站大坝，还有较多的橡胶坝和翻板闸。这些水工建筑物对河流中水流、泥沙的纵向连通形成阻隔，将河流原本连续的生态系统分隔成不连续的生境单元，水文、底质等环境发生显著变化，导致河流生境退化，水域生态景观破碎，进而导致水域生态系统功能退化。另外，沿河居民的社会生产活动也会对生态系统造成一定的干扰，比如采砂、网箱养殖、航运交通等活动。根据《重庆市重要河道采砂管理规划（2021—2025年）》，龙溪河梁平段、长寿段全河段均为禁采区。龙溪河垫江段有共计46.27 km的规划采砂保留区，现状调查未发现有采砂现象。龙溪河流域除长寿湖区域有船舶交通，主要是人渡和车渡，其余区域无船舶交通、水上运动等相关活动。2005年长寿湖彻底取缔了网箱网栏养殖后，龙溪河流域无网箱养殖现象。

第四章
陆域生态系统现状调查

4.1 污染源现状调查

4.1.1 城镇生活源

根据统计资料及现场调查，龙溪河流域内56个镇街的城镇生活污水进入52座城镇生活污水处理厂，除重庆市梁平排水有限公司和鹤游镇污水处理厂执行《城镇污水处理厂污染物排放标准》(GB 18918—2002)一级A标准外，其余污水处理厂均执行一级B标准。图4.1-1为垫江县污水处理厂和人工湿地。龙溪河流域52座污水处理设施设计处理能力为21.65万m^3/d，实际处理能力为20.20万m^3/d，见表4.1-1。

图4.1-1　垫江县污水处理厂(左)和人工湿地(右)

表4.1-1　龙溪河流域城镇污水处理设施基本情况

控制单元	所属乡镇（街道）	所属区县	服务人口/人	污水处理设施名称	污水处理能力/(m^3/d)	污水实际处理量/(m^3/d)	执行标准
子流域1	金带街道	梁平区	3 714	金带镇污水处理厂	800	700	一级B标
	星桥镇	梁平区	4 024	星桥镇污水处理厂	130	40	一级B标
	安胜镇	梁平区	967	安胜镇污水处理厂	300	30	一级B标
	梁山街道	梁平区	89 110	重庆市梁平排水有限公司	35 000	37 000	一级A标
	双桂街道	梁平区	55 829				
	礼让镇	梁平区	5 050	礼让镇污水处理厂	1 200	1 200	一级B标
	仁贤街道	梁平区	18 626	仁贤镇污水处理厂	1 000	500	一级B标
	明达镇	梁平区	7 117	明达镇污水处理厂	800	800	一级B标
子流域2	竹山镇	梁平区	1 031	竹山镇污水处理厂	300	160	一级B标
	荫平镇	梁平区	10 280	荫平镇污水处理厂	600	420	一级B标
	云龙镇	梁平区	11 797	云龙镇污水处理厂	1 350	1 000	一级B标
	和林镇	梁平区	13 020	和林镇污水处理厂	600	400	一级B标
	聚奎镇	梁平区	7 256	聚奎镇污水处理厂	1 200	1 000	一级B标
	屏锦镇	梁平区	30 686	屏锦镇污水处理厂	5 000	4 200	一级B标
子流域3	回龙镇	梁平区	16 874	回龙镇污水处理厂	800	530	一级B标
	曹回镇	垫江县	24 785	曹回镇污水处理厂	600	220	一级B标
	沙坪镇	垫江县	9 390	沙坪镇污水处理厂	1 500	1 500	一级B标
	普顺镇	垫江县	8 453	普顺镇污水处理厂	600	565	一级B标
	周嘉镇	垫江县	23 486	周嘉镇污水处理厂	1 000	900	一级B标
	永安镇	垫江县	16 183	永安镇污水处理厂	600	550	一级B标
	新民镇	垫江县	15 607	新民镇污水处理厂	1 800	1 100	一级B标
	桂溪街道	垫江县	72 018	重庆市三峡水务垫江排水有限责任公司	45 000	45 000	一级B标
	桂阳街道	垫江县	44 871				一级B标
子流域4	长龙镇	垫江县	5 429	长龙镇污水处理厂	350	350	一级B标
	黄沙镇	垫江县	18 060	黄沙镇污水处理厂	350	350	一级B标
	太平镇	垫江县	10 101	太平镇污水处理厂	1 500	1 450	一级B标
	高安镇	垫江县	28 974	高安镇污水处理厂	2 800	2 100	一级B标
	高峰镇	垫江县	10 256	高峰镇污水处理厂	650	300	一级B标
	五洞镇	垫江县	6 920	五洞镇污水处理厂	700	300	一级B标
	澄溪镇	垫江县	39 344	澄溪镇污水处理厂	2 200	2 000	一级B标
子流域5	沙河乡	垫江县	498	沙河乡污水处理厂	300	60	一级B标
	砚台镇	垫江县	17 623	砚台镇污水处理厂	300	170	一级B标
	包家镇	垫江县	5 559	包家镇污水处理厂	550	500	一级B标
	永平镇	垫江县	3 477	永平镇污水处理厂	600	250	一级B标
	杠家镇	垫江县	9 280	杠家镇污水处理厂	850	850	一级B标
	大石乡	垫江县	1 583	大石乡污水处理厂	300	170	一级B标

续表

控制单元	所属乡镇（街道）	所属区县	服务人口/人	污水处理设施名称	污水处理能力/(m^3/d)	污水实际处理量/(m^3/d)	执行标准
子流域5	裴兴镇	垫江县	2 294	裴兴镇污水处理厂	550	500	一级B标
	双桂镇	忠县	1 907	双桂镇污水处理厂	1 000	600	一级B标
	新立镇	忠县	10 211	新立镇污水处理厂	2 900	2 000	一级B标
	花桥镇	忠县	1 785	花桥镇污水处理厂	1 200	600	一级B标
	海棠镇	长寿区	23 659	海棠镇污水处理厂	1 200	1 200	一级B标
	云台镇	长寿区	4 384	云台镇污水处理厂	2 500	2 000	一级B标
	石堰镇	长寿区	3 560	石堰镇污水处理厂	1 200	800	一级B标
子流域6	鹤游镇	垫江县	5 071	鹤游镇污水处理厂	800	800	一级A标
	坪山镇	垫江县	14 258	坪山镇污水处理厂	1 300	1 300	一级B标
	三溪镇	垫江县	7 997	三溪镇污水处理厂	250	120	一级B标
	白家镇	垫江县	13 623	白家镇污水处理厂	1 200	1 100	一级B标
	双龙镇	长寿区	15 000	双龙镇污水处理厂	1 800	1 100	一级B标
	云集镇	长寿区	2 067	云集镇污水处理厂	600	600	一级B标
	长寿湖镇	长寿区	6 588	长寿湖镇污水处理厂	6 000	1 000	一级B标
	龙河镇	长寿区	5 663	龙河镇污水处理厂	1 200	1 200	一级B标
子流域7	邻封镇	长寿区	7 863	邻封镇污水处理厂	750	250	一级B标
	但渡镇	长寿区	2 540	但渡镇污水处理厂	400	190	一级B标
	渡舟街道	长寿区	17 155	重庆市三峡水务长寿排水有限责任公司	80 000	80 000	一级B标
	凤城街道	长寿区	181 000				
	菩提街道	长寿区	195 034				
合计			1 168 937		216 480	202 025	

注：重庆市三峡水务长寿排水有限责任公司排水直接进入长江，渡舟街道、凤城街道、菩提街道城镇生活污水污染负荷不纳入龙溪河流域。

根据第二次全国污染源普查成果《排放源统计调查产排污核算方法和系数手册》，计算得到2020年龙溪河流域城镇生活污水排放量为3 286.10万m^3，主要污染物化学需氧量（COD）、氨氮（NH_3-N）和总磷（TP）的污染负荷分别为2 590.45 t/a、276.29 t/a和38.74 t/a，龙溪河流域各控制单元城镇生活污水排放量及污染负荷见表4.1-2。

表4.1-2　龙溪河流域各控制单元城镇生活污水排放量及污染负荷统计

控制单元	污水排放量/万m^3	污染负荷/(t/a)		
		COD	NH_3-N	TP
子流域1	802.45	437.99	40.58	5.99
子流域2	322.26	424.24	45.91	6.00
子流域3	901.31	562.38	59.48	8.77

续表

控制单元	污水排放量/万 m^3	污染负荷/(t/a)		
		COD	NH_3-N	TP
子流域4	459.00	602.53	68.88	7.83
子流域5	407.36	259.99	29.07	4.36
子流域6	331.94	265.39	28.68	5.06
子流域7	61.78	37.93	3.69	0.74
全流域合计	3 286.10	2 590.45	276.29	38.75

4.1.2 工业污染源

根据统计资料及现场调查，龙溪河流域内共有86家排放废水的企业，其中垫江县61家，梁平区13家，长寿区7家，忠县5家。流域内排放废水的企业以农副食品加工业为主，共有36家，占排放废水企业总数的41.86%。流域内工业企业废水处理设施配套不齐全，大部分企业废水通过工业废水集中处理厂或城镇污水处理厂进行处理。

根据第二次全国污染源普查成果《排放源统计调查产排污核算方法和系数手册》计算可知，龙溪河流域工业企业年废水排放量为217.40万 m^3，主要污染物化学需氧量、氨氮及总磷的污染负荷分别为132.62 t/a、9.82 t/a和1.81 t/a，见表4.1-3。

表4.1-3　龙溪河流域工业污染源污染负荷统计

控制单元	废水排放量/万 m^3	污染负荷 /(t/a)		
		COD	NH_3-N	TP
子流域1	74.38	13.09	0.40	0.07
子流域2	5.74	0.63	0.00	0.00
子流域3	50.00	14.57	0.62	0.34
子流域4	26.19	72.39	2.63	0.52
子流域5	56.63	16.42	4.82	0.12
子流域6	4.46	15.52	1.35	0.76
子流域7	0	0	0	0
全流域合计	217.40	132.62	9.82	1.81

注：子流域7凤城街道、菩提街道相关工业企业废水排入长江，污染负荷不纳入龙溪河流域。

4.1.3 农村生活源

根据第二次全国污染源普查成果《排放源统计调查产排污核算方法和系数手册》，结合龙溪河流域范围内农村生活污染处理现状，计算流域内农村生活污水和农村生活垃圾污染负荷。

龙溪河流域现有农村常住人口137.39万人，计算可知农村生活污水中化学需氧量，氨氮和总磷入河量分别为2 231.05 t/a、102.57 t/a和15.52 t/a，见表4.1–4。农村生活垃圾中化学需氧量，氨氮和总磷入河量分别为112.32 t/a、0.23 t/a和0.44 t/a，见表4.1–5。

表4.1–4　龙溪河流域农村生活污水污染负荷统计

控制单元	农村常住人口/人	污水排放量/(t/a)	污染负荷/(t/a)		
			COD	NH_3–N	TP
子流域1	184 217	50.11	285.40	13.12	1.99
子流域2	165 527	45.02	271.65	12.49	1.89
子流域3	225 449	61.32	364.99	16.78	2.54
子流域4	213 858	58.17	345.52	15.89	2.40
子流域5	291 764	79.36	491.85	22.61	3.42
子流域6	223 759	60.86	367.21	16.88	2.55
子流域7	69 301	18.85	104.43	4.80	0.73
全流域合计	1 373 875	373.69	2 231.05	102.57	15.52

表4.1–5　龙溪河流域农村生活垃圾污染负荷统计

控制单元	农村常住人口/人	垃圾产生量/(t/a)	污染负荷/(t/a)		
			COD	NH_3–N	TP
子流域1	184 217	564.81	15.06	0.03	0.06
子流域2	165 527	507.51	13.53	0.03	0.05
子流域3	225 449	691.23	18.43	0.04	0.07
子流域4	213 858	655.69	17.49	0.03	0.07
子流域5	291 764	894.55	23.85	0.05	0.10
子流域6	223 759	686.05	18.29	0.04	0.07
子流域7	69 301	212.48	5.67	0.01	0.02
全流域合计	1 373 875	4 212.32	112.32	0.23	0.44

4.1.4 种植业面源

现场调查发现，龙溪河流域沿岸农业发达，分布有大型果园和蔬菜基地，主要集中分布在流域中下游的垫江县和长寿区。根据资料统计，龙溪河流域农作物总播种面积为194 491 hm^2，园地18 394 hm^2。

图4.1-2　龙溪河流域垫江县果园和蔬菜基地

根据第二次全国污染源普查成果《排放源统计调查产排污核算方法和系数手册》，计算得出龙溪河流域种植业面源主要污染物氨氮、总磷和总氮的污染负荷分别为47.58 t/a、46.54 t/a和387.02 t/a，见表4.1-6。

表4.1-6　龙溪河流域种植业面源污染负荷统计

控制单元	污染负荷/(t/a)		
	NH_3-N	TP	TN
子流域1	5.70	5.58	46.36
子流域2	5.10	4.99	41.51
子流域3	7.15	7.00	58.21
子流域4	5.58	5.46	45.37
子流域5	12.07	11.80	98.16
子流域6	10.05	9.83	81.74
子流域7	1.93	1.88	15.67
全流域合计	47.58	46.54	387.02

4.1.5 畜禽养殖源

龙溪河流域内畜禽养殖业发达，主要分布在垫江县及梁平区，特别是垫江县周嘉镇、曹回镇，大型养殖场较多，养殖品种以猪、肉牛、蛋鸡为主，养殖方式以规模化养殖场养殖(如图4.1-3)和畜禽养殖户养殖为主,部分地区可见散养现象。

图4.1-3　龙溪河流域垫江县和梁平区规模化养殖场

根据统计资料,龙溪河流域内年末生猪出栏量541 131头,奶牛存栏量11 565头,肉牛出栏量6 912头,蛋鸡存栏量4 444 088羽,肉鸡出栏量824 000羽,见表4.1-7。

表4.1-7　龙溪河流域畜禽养殖统计

控制单元	生猪出栏量/头	奶牛存栏量/头	肉牛出栏量/头	蛋鸡存栏量/羽	肉鸡出栏量/羽
子流域1	51 230	470	—	705 500	690 000
子流域2	124 870	10 275	—	262 500	—
子流域3	140 770	300	1 660	1 691 000	88 000
子流域4	62 706	520	1 066	312 300	12 000
子流域5	72 570	—	2 093	1 108 000	14 000
子流域6	70 557	—	1 364	349 688	20 000
子流域7	18 428	—	729	15 100	—
合计	541 131	11 565	6 912	4 444 088	824 000

根据第二次全国污染源普查成果《排放源统计调查产排污核算方法和系数手册》计算,龙溪河流域内畜禽养殖源主要污染物化学需氧量、氨氮和总磷的污染负荷分别为2 643.39 t/a、168.65 t/a和34.59 t/a,见表4.1-8。

表4.1-8　龙溪河流域畜禽养殖污染源污染负荷统计

控制单元	污染负荷/(t/a)		
	COD	NH_3-N	TP
子流域1	323.74	19.44	4.63

续表

控制单元	污染负荷/(t/a)		
	COD	NH_3-N	TP
子流域2	592.52	39.22	6.41
子流域3	745.63	46.79	10.51
子流域4	217.95	15.12	2.83
子流域5	474.03	27.60	6.46
子流域6	238.65	16.81	3.18
子流域7	50.87	3.67	0.57
全流域合计	2 643.39	168.65	34.59

4.1.6 污染源排放特征分析

对龙溪河流域城镇生活源、工业污染源、农村生活源、种植业面源、畜禽养殖源等5类污染源的污染负荷进行汇总分析可知，2020年，龙溪河流域化学需氧量、氨氮和总磷的污染负荷入河量分别为7 709.85 t/a、605.12 t/a、137.65 t/a（表4.1–9）。

从龙溪河全流域来看，化学需氧量的主要来源是畜禽养殖源、城镇生活源和农村生活源，分别占流域总污染负荷的34.29%、33.60%和30.39%；氨氮的主要来源是城镇生活源和畜禽养殖源，占比分别为45.66%和27.87%；总磷的主要来源是种植业面源、城镇生活源和畜禽养殖源，占比分别为33.81%、28.14%和25.13%。见图4.1–4。

从各个子流域来看，城镇生活源和畜禽养殖源是主要污染源，农村生活源在部分子流域污染影响较大，种植业面源对总磷指标影响明显。子流域4主要受城镇生活源影响，化学需氧量、氨氮和总磷3项指标的污染负荷占比都较大，分别是47.90%、63.63%和40.80%。子流域3主要受畜禽养殖源影响，化学需氧量、氨氮和总磷3项指标的污染负荷占比分别为43.67%、35.79%和36.05%。子流域5、6、7的化学需氧量受农村生活源影响明显，占比分别为40.73%、42.59%和55.35%，总磷受种植业面源影响明显，占比分别为44.94%、45.83%和47.72%。子流域1和2主要受到几类污染源的综合作用影响。

因此，持续开展城镇和农村生活污染治理，加强畜禽养殖污染防治，减少种植业面源污染是龙溪河流域污染防治的重点。

表4.1-9　龙溪河流域主要污染物污染负荷统计

控制单元	污染源分类	主要污染物					
		COD		NH_3-N		TP	
		污染负荷/(t/a)	占比/%	污染负荷/(t/a)	占比/%	污染负荷/(t/a)	占比/%
子流域1	城镇生活源	437.99	40.73	40.58	51.19	5.99	32.70
	工业污染源	13.09	1.22	0.40	0.50	0.07	0.38
	农村生活源	300.46	27.94	13.15	16.59	2.05	11.19
	种植业面源	0.00	0.00	5.70	7.19	5.58	30.46
	畜禽养殖源	323.74	30.11	19.44	24.52	4.63	25.27
	合计	1 075.28	100.00	79.27	100.00	18.32	100.00
子流域2	城镇生活源	424.24	32.57	45.91	44.68	6.00	31.02
	工业污染源	0.63	0.05	0.00	0.00	0.00	0.00
	农村生活源	285.18	21.89	12.52	12.18	1.94	10.03
	种植业面源	0.00	0.00	5.10	4.96	4.99	25.80
	畜禽养殖源	592.52	45.49	39.22	38.17	6.41	33.14
	合计	1 302.57	100.00	102.75	100.00	19.34	100.00
子流域3	城镇生活源	562.38	33.01	59.48	45.49	8.77	30.09
	工业污染源	12.49	0.73	0.50	0.38	0.26	0.89
	农村生活源	383.42	22.50	16.82	12.87	2.61	8.95
	种植业面源	0.00	0.00	7.15	5.47	7.00	24.01
	畜禽养殖源	745.63	43.76	46.79	35.79	10.51	36.06
	合计	1703.92	100.00	130.74	100.00	29.15	100.00
子流域4	城镇生活源	602.53	47.90	68.88	63.63	7.83	40.80
	工业污染源	74.48	5.92	2.75	2.54	0.60	3.13
	农村生活源	363.01	28.86	15.92	14.71	2.47	12.87
	种植业面源	0.00	0.00	5.58	5.16	5.46	28.45
	畜禽养殖源	217.95	17.33	15.12	13.97	2.83	14.75
	合计	1 257.97	100.00	108.25	100.00	19.19	100.00

续表

控制单元	污染源分类	主要污染物					
		COD		NH_3-N		TP	
		污染负荷/(t/a)	占比/%	污染负荷/(t/a)	占比/%	污染负荷/(t/a)	占比/%
子流域5	城镇生活源	259.99	20.53	29.07	30.21	4.36	16.60
	工业污染源	16.42	1.30	4.82	5.01	0.12	0.46
	农村生活源	515.70	40.73	22.66	23.55	3.52	13.40
	种植业面源	0.00	0.00	12.07	12.54	11.80	44.94
	畜禽养殖源	474.03	37.44	27.60	28.68	6.46	24.60
	合计	1 266.14	100.00	96.22	100.00	26.26	100.00
子流域6	城镇生活源	265.39	29.32	28.68	38.86	5.06	23.59
	工业污染源	15.52	1.71	1.35	1.83	0.76	3.54
	农村生活源	385.50	42.59	16.92	22.92	2.62	12.21
	种植业面源	0.00	0.00	10.05	13.62	9.83	45.83
	畜禽养殖源	238.65	26.37	16.81	22.77	3.18	14.83
	合计	905.06	100.00	73.81	100.00	21.45	100.00
子流域7	城镇生活源	37.93	19.07	3.69	26.17	0.74	18.78
	工业污染源	0.00	0.00	0.00	0.00	0.00	0.00
	农村生活源	110.10	55.35	4.81	34.11	0.75	19.04
	种植业面源	0.00	0.00	1.93	13.69	1.88	47.72
	畜禽养殖源	50.87	25.58	3.67	26.03	0.57	14.47
	合计	198.90	100.00	14.10	100.00	3.94	100.00
全流域	城镇生活源	2 590.45	33.60	276.29	45.66	38.74	28.14
	工业污染源	132.63	1.72	9.80	1.62	1.81	1.31
	农村生活源	2 343.38	30.39	102.80	16.99	15.97	11.60
	种植业面源	0.00	0.00	47.58	7.86	46.54	33.81
	畜禽养殖源	2 643.39	34.29	168.65	27.87	34.59	25.13
	合计	7 709.85	100.00	605.12	100.00	137.65	100.00

注:表中数值由实际测量所得,此处仅显示两位有效小数。

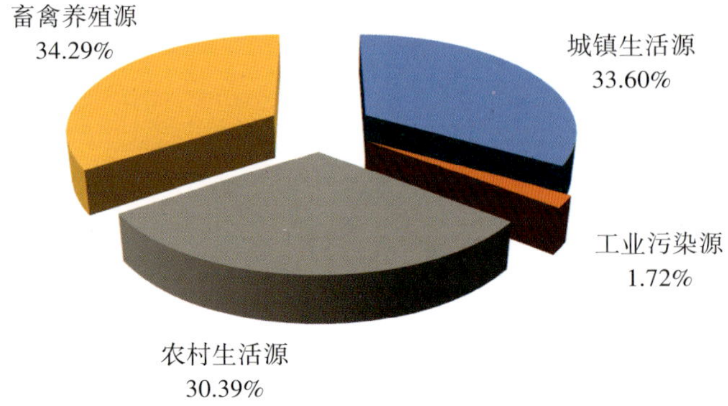

(a)化学需氧量来源构成

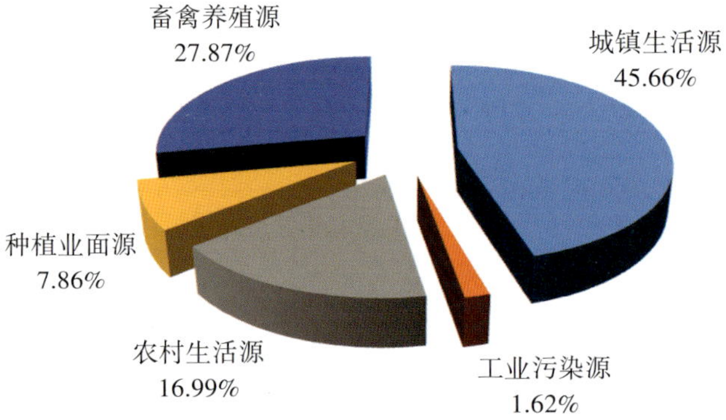

(b)氨氮来源构成

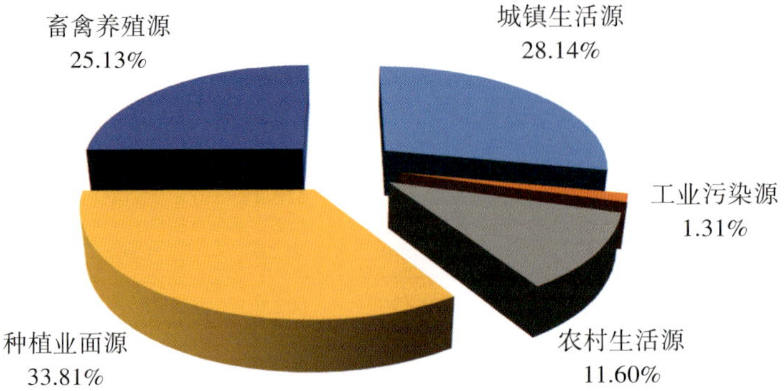

(c)总磷来源构成

图 4.1-4　龙溪河流域主要污染物来源构成

4.2 陆域生境现状调查

4.2.1 土地利用现状

根据遥感解译数据，龙溪河流域内土地总面积为3 507.37 km^2，以耕地、林地为主，其中耕地面积最大，为1 944.91 km^2，占流域土地面积的55.45%，其次是林地，面积为829.47 km^2，占流域土地面积的23.65%；建设用地面积为353.56 km^2，占流域地面积的10.08%。园地、水域、草地、交通用地等面积占比较小，分别占流域土地面积的5.24%、3.98%、0.71%、0.67%。详见表4.2-1。

表4.2-1　龙溪河流域土地利用现状统计表　（单位：km^2）

控制单元	耕地面积	林地面积	水域面积	建设用地面积	园地面积	草地面积	交通用地面积	其他用地面积	合计
子流域1	228.77	119.20	7.70	53.18	4.98	3.53	4.42	0.96	422.74
子流域2	200.46	149.61	7.43	39.09	10.19	2.65	1.70	0.96	412.09
子流域3	357.45	190.82	13.73	72.31	7.76	2.62	3.52	0.91	649.12
子流域4	237.87	62.85	9.33	47.60	9.01	1.49	3.93	0.40	372.48
子流域5	499.26	162.75	22.48	59.00	44.97	5.38	2.76	2.18	798.78
子流域6	302.99	109.51	65.35	38.43	77.96	4.86	1.57	1.26	601.93
子流域7	118.11	34.73	13.54	43.95	29.07	4.51	5.66	0.66	250.23
总计	1 944.91	829.47	139.56	353.56	183.94	25.04	23.56	7.33	3 507.37

从图4.2-1可知，林地主要分布在流域东西两侧的山岭，山岭之间的平缓河谷地带分布有较多耕地，建设用地较多分布在梁平、垫江和长寿城区。

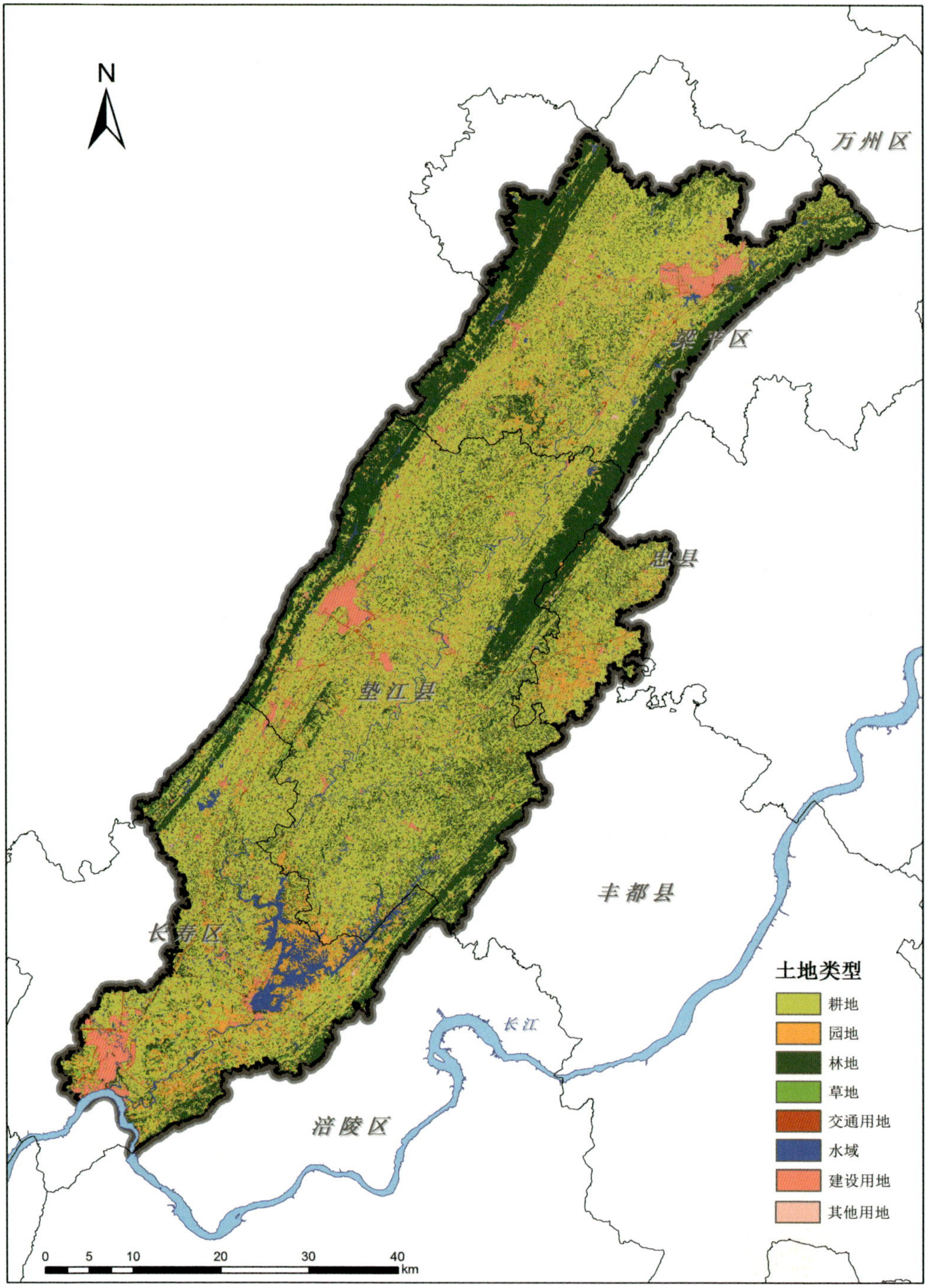

图 4.2-1　龙溪河流域土地利用现状示意图

4.2.2 沿河生境保持现状

4.2.2.1 干流沿河生境

龙溪河干流多数河段保留自然岸线，其沿河生境状况现场调查见图4.2-2。上游梁平段原有2座电站（爱国电站和七里滩电站），均于2015年1月停止发电，属于立即退出电站。爱国电站坝址距离七里滩电站坝址约13 km河段，未见明显减水，河流两岸植被覆盖率较高；七里滩电站坝址距离下一级电站磨滩电站坝址约7 km河段，受磨滩电站调节作用，磨滩库区存在水位消落区，水体较浑浊，河流两岸植被覆盖率较高，部分河段受城镇化影响，河流四周多开发为农田。中游垫江段分布有5座电站，电站坝址间距离约2.0—34.1 km不等，各个电站水位基本衔接。现场调查发现，中堡滩电站坝址上游的老金滩河段和高洞电站坝址上游的贺家祠堂河段的生境较好，河流两岸植被覆盖率较高，近岸浅水区分布有水生维管束植物，在这两河段调查到较多鲫的幼鱼。下游长寿段分布有9座电站，电站坝址间距离0.6—31.0 km不等，水位基本衔接，最下游运输桥电站坝址至长江河口长约6.7 km。现场调查发现，高洞电站至六剑滩电站河段（约11.5 km）和运输桥坝下至长江河口段生境较好，河流两岸植被覆盖率较高，近岸浅水区分布有水生维管束植物，在该河段调查到较多幼鱼。

（a）梁平城区　（b）和林镇　（c）普顺镇　（d）垫江六剑滩

图4.2-2　龙溪河干流沿河生境状况现场调查

(e)石堰镇(长寿湖入口)

(f)但渡镇(运输桥)

图4.2-2 龙溪河干流沿河生境状况现场调查(续)

4.2.2.2 **部分支流沿河生境**

(1)焦家河。

焦家河为龙溪河右岸的一级支流,流域面积约54 km^2。现场调查显示,焦家河沿岸均保留自然岸线,植被覆盖率较高,附近浅水区域水生植物较为丰富,存在部分产粘草基质卵鱼类产卵场。焦家河生境状况现场调查见图4.2-3。

(2)大沙河。

大沙河为龙溪河左岸的一级支流,流域面积约538 km^2,河道较为平缓,河流两岸植被覆盖率较高,周围耕地较多,水体较为浑浊,存在产粘草基质卵鱼类产卵场。大沙河生境状况现场调查见图4.2-4。

图4.2-3 焦家河生境状况现场调查

图4.2-4 大沙河生境状况现场调查

(3)桂溪河。

桂溪河是龙溪河右岸的一级支流,发源于明月山系垭拐山邱家沟,流域面积约164 km^2,总落差约275 m。桂溪河下游段比降小,河道两岸地势平坦,河流较曲折,两岸植被覆盖率较高,周围村落、耕地较多,部分河段受农村生活源影响,河段漂浮物较多。桂溪河生境状况现场调查见图4.2-5。

（4）回龙河。

回龙河是龙溪河右岸的一级支流，流域面积约251 km²，总落差约165 m，主要集中在梁平区境内，流域内有大量中小型蓄水工程。红旗水库下游4 km至沙坪镇河道两岸固化，水面较窄，沙坪镇下游河段两岸植被覆盖率较高，水面稍宽。回龙河生境状况现场调查见图4.2-6。

图4.2-5　桂溪河生境状况现场调查

图4.2-6　回龙河生境状况现场调查

（5）七涧河。

七涧河是龙溪河右岸的一级支流，流域面积约185 km²，总落差约360 m，主要集中在盐井口水库上游。盐井口水库是一座以防洪、灌溉为主，兼有供水、发电、养殖、旅游等综合利用的骨干水利工程。现场调查显示，盐井口水库坝下约5 km河段河道固化，受人为干扰影响较大，剩余河段多为自然岸线。七涧河生境状况现场调查见图4.2-7。

（6）卧龙河。

卧龙河为龙溪河右岸的一级支流，流域面积约116 km²，总落差约222 m，落差主要集中在上游河段，流域内小型蓄水工程较多，大部分工程退水至本流域，存在一定程度人为干扰。三洞桥至高滩河汇口河段生境较好，植被覆盖率较高，调查发现部分仔稚鱼。卧龙河生境状况现场调查见图4.2-8。

图4.2-7　七涧河生境状况现场调查

图4.2-8　卧龙河生境状况现场调查

4.2.3 水土流失现状

根据遥感解译数据，龙溪河流域水土流失以水力侵蚀为主，面蚀和沟蚀为主要形式。面蚀主要发生在坡耕地、荒山坡及疏幼残林地，是主要的侵蚀类型，一般为微度和轻度侵蚀；沟蚀主要发生在河流两岸的荒山坡及陡坡耕地上，一般较剧烈，多为中度及以上侵蚀。从表4.2-2中可以看出，龙溪河流域面积约为3 507 hm^2，水土流失面积（不考虑微度侵蚀）约为1 087 km^2，约占流域总面积的31.0%。其中，轻度侵蚀面积129 km^2；中度侵蚀面积924 km^2；强度侵蚀面积34 km^2。中度及以上侵蚀区域主要分布在子流域2、3和5。龙溪河流域水土流失现状详见图4.2-9。

表4.2-2　龙溪河流域水土流失现状统计表　（单位：km^2）

控制单元	微度侵蚀	轻度侵蚀	中度侵蚀	强度侵蚀
子流域1	282	20	112	4
子流域2	196	25	185	0
子流域3	437	15	187	9
子流域4	293	13	63	0
子流域5	530	22	224	4
子流域6	524	30	52	12
子流域7	158	4	101	5
合计	2 420	129	924	34

注：表中数据已取整。

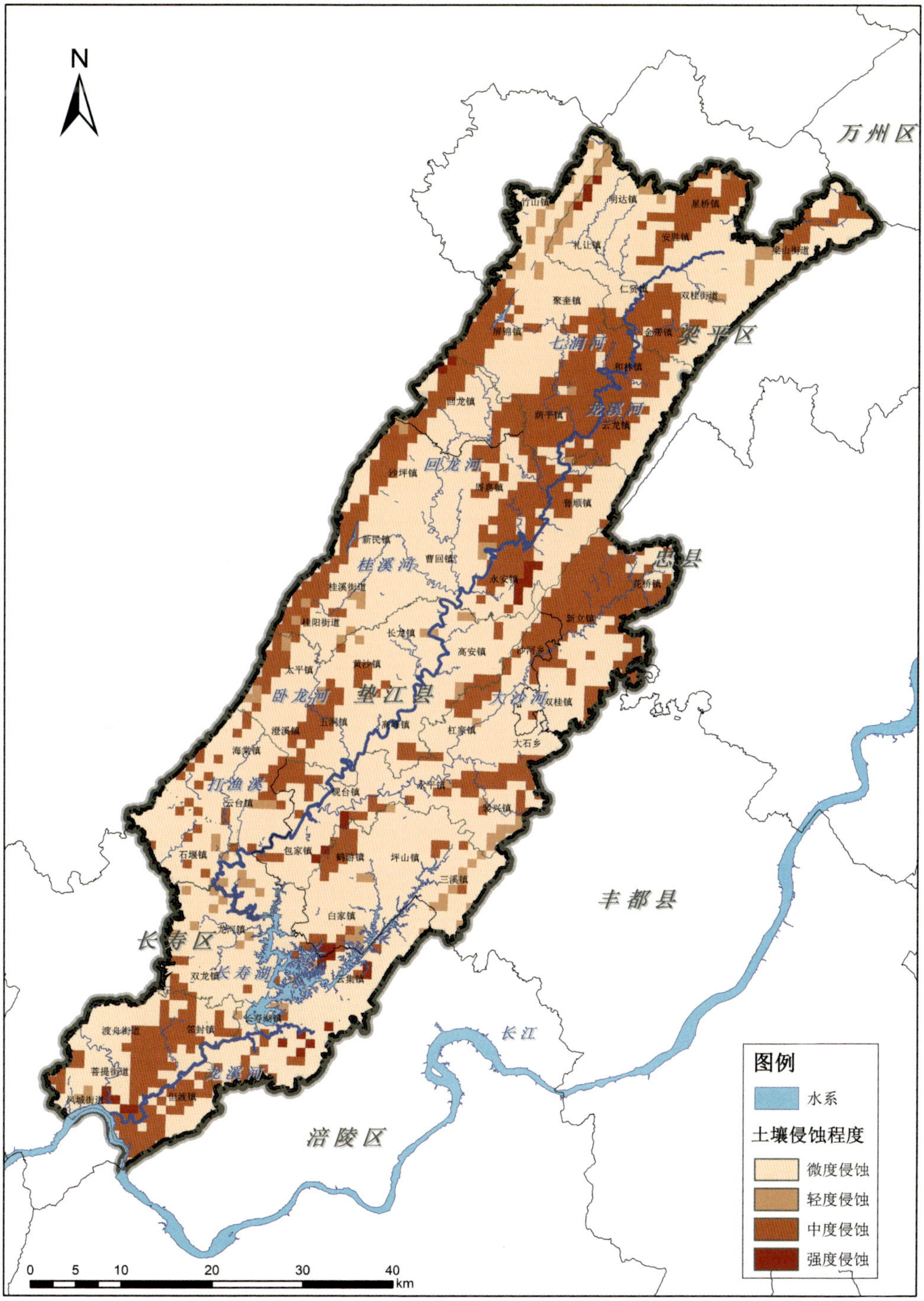

图 4.2-9　龙溪河流域水土流失现状

4.2.4 自然保护区现状

龙溪河流域陆域范围内有自然保护区1个，即重庆市垫江长寿湖湿地自然生态保护区；风景名胜区1个，即垫江明月山风景名胜区；森林公园1个，即重庆市宝鼎森林公园；湿地公园1个，即重庆迎风湖国家湿地公园。

4.2.4.1 重庆市垫江长寿湖湿地自然生态保护区

重庆市垫江长寿湖湿地自然生态保护区位于垫江县南部，地理坐标为东经107°15′38″—107°28′10″，北纬29°56′18″—30°03′43″。保护区总面积4 677.6 hm^2，其中核心区面积1 395.5 hm^2，缓冲区面积987.6 hm^2，实验区面积2 294.5 hm^2。该自然保护区是以全面保护湿地生态环境、珍稀水生和陆栖野生动植物物种为主，集生物多样性与栖息地保护、水源涵养、蓄洪防旱、科学研究、农业生态观光旅游、科普宣传教育、对外交流合作、永续利用湿地资源等多功能于一体的综合性县级自然保护区。自然保护区内植物群落多样，有维管束植物156科318属846种；自然保护区内动物资源丰富，有野生动物47目151科567种，稀有动物种类较多，其中重点保护动物41种。

4.2.4.2 垫江明月山风景名胜区

垫江明月山风景名胜区位于垫江县西北部边缘，东至西山大堰，西至明月山分水岭与四川省大竹县、邻水县接壤，南至五洞镇，北与沙坪镇接壤。该风景名胜区涉及太平镇、五洞镇、桂溪镇、新民镇共4个乡镇的部分区域，东西长约28 km，南北宽约4 km，距垫江县城约10 km。风景名胜区总面积约118.10 km^2，划分为5个片区，即明月湖风景片区、钟嘴寨风景片区、太平牡丹花海风景片区、生态农业园区和卧龙盐浴风景区。

4.2.4.3 重庆市宝鼎森林公园

重庆市宝鼎森林公园位于垫江县高安镇，地处垫江县东部高安镇与沙河乡交界处，自然景观优美，素有“渝东名山”之美誉。该森林公园是以山丘地貌、森林景观及水体景观等自然景观为主，融宗教、古迹、历史文化与动人传说，集森林观光、古迹展览、休闲、生态环境保护于一体的多功能生态休闲观光型市级森林公园。

4.2.4.4 重庆迎风湖国家湿地公园

重庆迎风湖国家湿地公园位于垫江县普顺镇东部，背倚金华山，距沪蓉高速公路周嘉出口约8 km。湿地公园总面积约587.2 hm^2，其中原水库面积约71.0 hm^2，新增加湿地面积约144.1 hm^2，总湿地面积约215.1 hm^2；湿地面积占公园总面积的36.6%。资料记载公园范围内共有维管束植物124科345属571种，鸟类64种。

4.3 消落带生态系统现状调查

长寿湖又称狮子滩水库，建成于1954年，大坝位于重庆市长寿区长寿湖镇，是龙溪河流域下游的控制性水库。长寿湖消落带总长约286.9 km，消落带范围为长寿湖防洪水位线347.0 m和死水位328.5 m之间的水陆交错带，面积约为5.57 km^2。消落带淹没时间为每年7—8月，其中坡度小于40°的土地面积为4.71 km^2，占消落带总面积的84.6%；坡度大于等于40°的土地面积为0.86 km^2，占消落带总面积的15.4%。消落带土地类型主要有自然植被地、沙石地、部分裸露地及少量的开垦耕地。土壤主要为紫色土和冲积土。

经现场踏勘，长寿湖消落带堤岸类型分为自然植被岸、岩石直立堤岸、砂石岸、泥岸等。湖岸消落带主要以自然植被（草被）岸为主，沿岸生态植被生长良好，以杂草为主，带长约225.5 km。岩石直立堤岸主要成分为岩石，长约3.5 km，分布在东北部。砂石岸主要以砂石为主附带较少的泥土，长约8.5 km。流域内局部堤岸有农民进行农业耕种，水土流失现象明显，有耕种活动的堤岸主要分布在湖中的一些小岛及部分北部地区，长约5.5 km。长寿湖消落带岸线情况见表4.3-1。

表4.3-1 长寿湖消落带岸线情况调查表

序号	地点	入湖河流或沟渠数量	消落带特点
1	安顺岛	—	较宽阔，以自然草地为主
2	回龙场	2	宽阔，部分有鱼塘，以草土混合堤岸为主，植物生长较好
3	高峰岛	1	西南有岩石直立堤岸，东岸以自然草地为主，植物生长较好
4	罗山岛	1	直立岩石堤岸，罗山岛紧邻湖岸
5	罗平岛	2	较窄，以自然草地为主，堤岸多为砂石
6	陈家湾	1	较窄，堤岸多为砂石
7	拱背桥	—	宽阔，以自然滩地为主，植物生长较好
8	桃花荡	1	宽阔，沿岸鱼塘150亩，植物生长茂盛，但种类较单一；部分区域已经得到人工修复
9	寿岛	—	以自然草地为主，植物生长较好
10	长寿湖东部岛屿沿岸	2	以自然草地为主，局部区域有少量土质堤岸，部分区域为砂石堤岸

续表

序号	地点	入湖河流或沟渠数量	消落带特点
11	长寿湖北部岛屿沿岸	4	以自然草地为主,局部区域有少量土质堤岸,部分区域为砂石堤岸,植物生长较好,入湖河口较多

长寿湖消落带内植物资源丰富,植物群落多样。消落带内有维管束植物156科318属846种(含变种、亚种和变型),有国家级保护植物12种,其中国家Ⅰ级保护植物3种,国家Ⅱ级保护植物9种。消落带区域动物资源丰富,共有野生动物47目151科567种。稀有动物种类较多,区域内有重点保护动物共41种,其中,国家Ⅰ级保护动物1种,国家Ⅱ级保护动物19种,重庆市省级保护动物21种。

第五章
流域生态健康综合评估

通过对龙溪河流域开展资料检索、现场踏勘、调查监测、遥感解译等评估工作，评估组获取了流域物理形态、水文水质、水生生物等各项基础资料，对流域生态健康评估指标体系中提出的水域、陆域、消落带各项指标分别进行了计算和赋分，并利用综合指数法对龙溪河流域生态健康状况进行了综合评估。

5.1 水域生态健康状况评估结果

水域生态健康评估指标分为生境结构、水生生物和生态压力3类共计8项，龙溪河7个子流域水域生态健康评估各项指标综合得分为45.4—64.9分(表5.1-1)，评价等级为“一般”的有3个子流域，为子流域1、子流域5和子流域7，其余子流域等级为“良好”。从各个子流域来看，子流域7综合得分最低，为45.4分，水域8项评估指标中有4项为“较差”及以下等级；子流域1得分次低，为51.8分，水域8项评估指标中有4项为“较差”等级；其余5个子流域得分比较接近，在60分上下波动，每个子流域有1—3项指标为“较差”等级。

从单项指标上来看，评价等级较高的指标是水资源开发利用强度，除子流域7在这一指标上评价等级为“较差”外，其余流域等级为“优秀”，主要因为子流域7为长寿城区，水资源开发利用程度明显高于其他区域。评价等级较低的指标是特有性或指示性物种保持率，7个子流域的等级均为“较差”。枯水期径流量占同期年均径流量比例、河道连通性、大型底栖动物多样性综合指数等3项指标都有3—4个子流域为“较差”及以下等级。总的来看，在水域生态健康评估的3类指标中，生境结构和水生生物指标得分较低，是水域生态健康有待改善的重要方面。

表5.1-1 龙溪河子流域和全流域水域生态健康评估结果

控制单元	赋分/分									等级
	生境结构			水生生物			生态压力		综合得分	
	水质状况指数	枯水期径流量占同期年均径流量比例	河道连通性	大型底栖动物多样性综合指数	鱼类物种多样性综合指数	特有性或指示性物种保持率	水资源开发利用强度	水生生境干扰指数		
子流域1	38.1	28.3	27.1	45.6	54.7	30.0	90.0	78.0	51.8	一般
子流域2	60.0	33.8	54.8	49.4	71.2	30.0	90.0	78.0	61.7	良好
子流域3	58.1	38.8	63.1	40.6	61.1	30.0	90.0	78.0	60.7	良好
子流域4	55.6	40.8	90.0	55.5	72.1	30.0	76.7	78.0	64.9	良好
子流域5	64.6	44.1	39.2	36.6	52.1	30.0	90.0	78.0	58.0	一般
子流域6	51.8	38.9	65.9	29.5	73.6	30.0	90.0	62.0	60.1	良好
子流域7	72.5	44.8	19.0	35.9	41.5	30.0	22.2	78.0	45.4	一般
全流域	57.8	40.5	51.7	41.9	60.9	30.0	90.0	62.0	57.2	一般

5.2 陆域生态健康状况评估结果

陆域生态健康评估指标分为生态格局、生态功能和生态压力3类共计8项，龙溪河各个子流域陆域生态健康评估各项指标综合得分为52.8—72.9分（表5.2-1），评价等级为“良好”的子流域有2个，为子流域2和子流域6，其余5个子流域的等级为“一般”。从各个子流域看，子流域6综合得分最高，为72.9分，8项陆域指标有5项为“良好”及以上等级；子流域7单项指标得分情况较差，8项陆域指标有3项为“差”（低于20分）等级，1项等级为“较差”。其余各个子流域情况比较相似，均有1—2项指标得分较低。

从单项指标上来看，景观破碎度和建设用地比例这2项指标得分较高，各个子流域评价等级分别为“优秀”和“良好”；土壤保持功能指数、水源涵养功能指数、森林覆盖率等3项指标得分较低，均有3—4个子流域评价等级为“较差”或“差”。总体来看，在陆域生态健康评估的3类指标中，生态功能指标得分较低，是陆域生态健康有待改善的重要方面。

表 5.2-1　龙溪河子流域和全流域陆域生态健康评估结果

控制单元	赋分/分									等级
	生态格局			生态功能			生态压力		综合得分	
	森林覆盖率	景观破碎度	重要生境保持率	水源涵养功能指数	土壤保持功能指数	受保护地区面积占陆域总面积比例	建设用地比例	污染负荷排放指数		
子流域1	47.4	89.6	55.9	39.8	44.5	72.4	74.4	30.4	52.8	一般
子流域2	63.9	91.5	51.5	45.7	19.0	75.4	80.7	61.0	60.1	良好
子流域3	50.1	91.5	55.4	39.3	39.5	72.5	77.2	46.4	56.8	一般
子流域4	24.6	89.8	54.3	42.5	65.9	22.7	73.8	63.7	56.8	一般
子流域5	31.9	85.0	65.5	43.0	41.5	22.2	84.8	68.8	59.8	一般
子流域6	30.8	89.0	—	39.7	78.4	100.0	85.7	77.5	72.9	良好
子流域7	19.0	93.2	65.7	28.5	19.0	19.0	62.9	90.0	57.1	一般
全流域	39.3	89.3	—	40.2	44.6	54.3	79.0	65.2	59.8	一般

注：子流域6和全流域的重要生境保持率指标由消落带指标代替。

5.3 消落带生态健康状况评估结果

龙溪河流域涉及消落带的区域只有长寿湖流域，即子流域6。消落带生态健康评估包括生态结构、生态功能和生态压力等3类6项指标，健康评估各指标得分情况见表5.3-1。子流域6消落带生态健康各项指标得分为33.1—72.7分，评价等级为“一般”，6项指标中仅有人为干扰指数得分较低，为“较差”等级，与长寿湖围湖建设和沿岸农业耕作有一定关系。其余5项指标等级为“一般”或“良好”。

表 5.3-1　龙溪河流域消落带生态健康评估结果

控制单元	赋分/分							等级
	生态结构		生态功能		生态压力		综合得分	
	自然植被比例	自然岸堤比例	污染阻滞功能指数	生物多样性保护功能指数	人为干扰指数	湿地退化指数		
子流域6	57.5	57.2	72.7	60.0	33.1	48.9	58.4	一般

5.4 流域生态健康状况综合评估结果

5.4.1 龙溪河流域生态健康综合评估结果

利用综合指数法对龙溪河流域生态健康状况进行综合评估可知，龙溪河全流域生态健康评估得分为58.6分，等级为“一般”，7个子流域得分在45.4—63.1分之间，子流域2、4、6评价等级为“良好”，其余子流域评价等级均为“一般”。子流域7和子流域1得分较低，这2个子流域分别为长寿城区段和梁平城区段，生态健康状况明显劣于其他子流域。子流域6为长寿湖所在区域，健康评估得分最高，生态健康状况好于其他区域，除此外的其他子流域得分比较接近，在60分上下波动。龙溪河流域生态健康综合评估结果详见图5.4-1和表5.4-1。

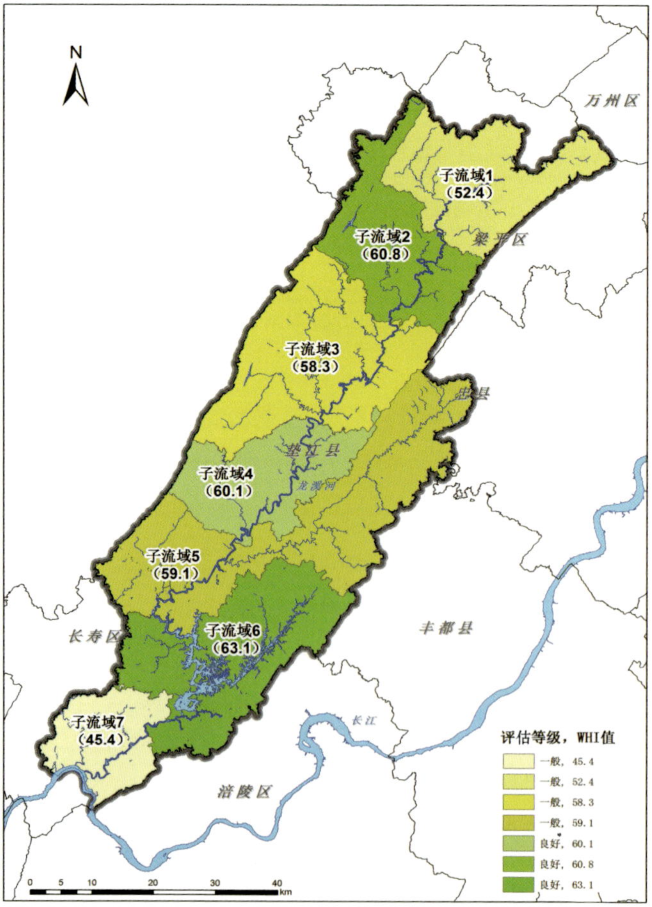

图5.4-1 龙溪河流域生态健康综合评估WHI值

表 5.4-1　龙溪河流域生态健康综合评估结果

控制单元	WHI分值/分	评价等级
子流域1	52.4	一般
子流域2	60.8	良好
子流域3	58.3	一般
子流域4	60.1	良好
子流域5	59.1	一般
子流域6	63.1	良好
子流域7	45.4	一般
全流域	58.6	一般

龙溪河全流域水域、陆域和消落带3个板块得分分别为57.2分、59.8分、58.4分，得分无明显优劣，均处于“一般”等级的接近上限位置。总的来说，全流域的生态健康状况要优于子流域尺度，各单项指标的得分也明显高于子流域。从水域、陆域和消落带的健康评估雷达图（图5.4-2）来看，等级为“较差”（得分40以下）的指标共有3项，水域、陆域、消落带各有1项，分别为特有性或指示性物种保持率、森林覆盖率和人为干扰指数。另外，还有枯水期径流量占同期年均径流量比例和水源涵养功能指数等两项，均“踩线”40分。生态基流无法保障、水生生物多样性减低、森林覆盖率低、水源涵养能力较弱和消落带人为干扰较多等这些方面正是龙溪流域生态健康的症结所在，后续通过水资源的统一调度管理、陆域生态系统建设、水域生态系统恢复等措施来改善，有望实现全流域生态健康从“一般”向“良好”等级提升。

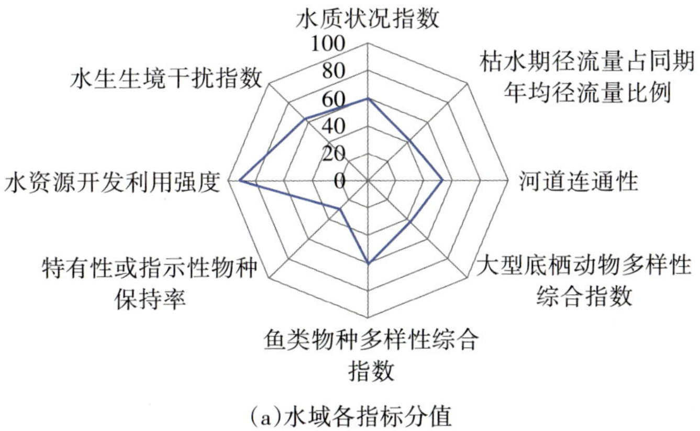

(a)水域各指标分值

图 5.4-2　龙溪河流域水域，陆域和消落带生态健康评估雷达图

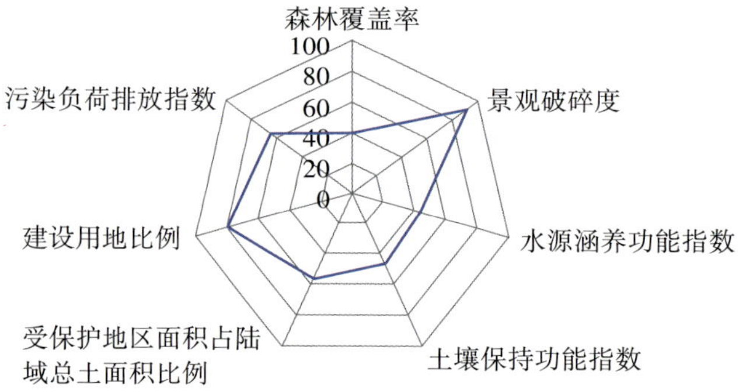

(b)陆域各指标分值

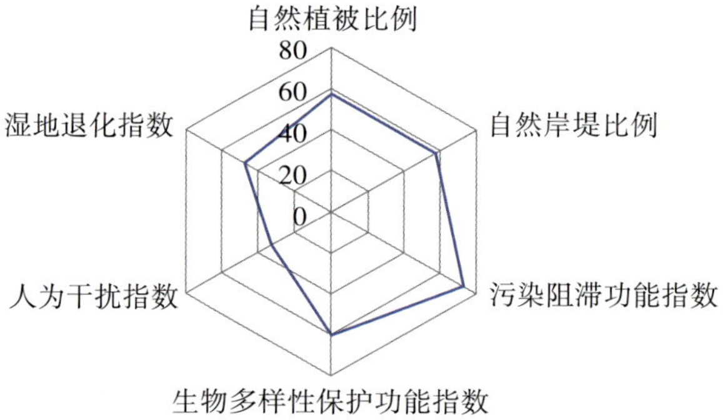

(c)消落带各指标分值

图5.4-2　龙溪河流域水域、陆域和消落带生态健康评估雷达图(续)

5.4.2 龙溪河子流域生态健康综合评估结果

龙溪河流域7个子流域生态健康评估得分在45.4—63.1分之间,不同子流域的生态健康问题表现不一,在对各个子流域进行逐一诊断的基础上,“对症下药”,有针对性的治理、保护是改善流域生态健康状况的重要途径。

5.4.2.1 子流域1

子流域1是龙溪河流域的源头区域,得分为52.4分,等级为“一般”。从水域和陆域生态健康雷达图(图5.4-3)可见,水域8项指标中有4项指标为“较差”等级,分别是水质状况指数、枯水期径流量占同期年均径流量比例、河道连通性和特有性或指示性物种保持率;在陆域8项指标中,水源涵养功能指数、污染负荷排放指数等2项指标为“较差”等级,分别为39.8分和30.4分,子流域1的生态健康问题主要体现在水域上。

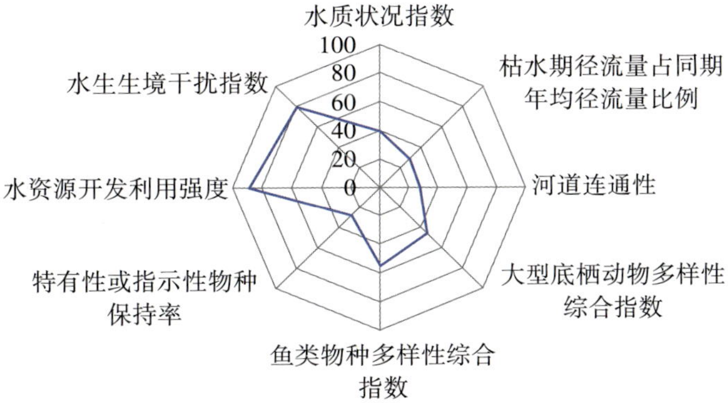

(a)水域各指标分值

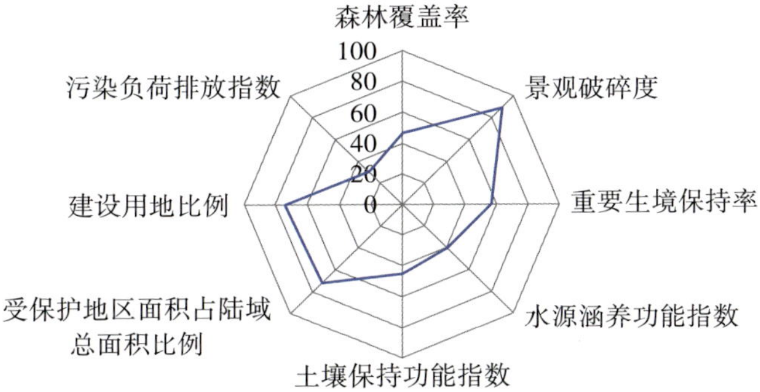

(b)陆域各指标分值

图 5.4–3　子流域 1 水域和陆域生态健康评估雷达图

实地调研发现，子流域 1 河段长度约 24.3 km，分布有 4 座电站闸坝，河道连通性较差，部分支流出现季节性断流，仅在雨季有水或水库放水期间有水。子流域 1 流经梁平城区，是城区段生产生活污水排放的载体，污染排放负荷指数全流域最低。当生态基流无法保障时，水质变差，生态健康受损是必然结果。最为突出的是支流小沙河，受上游沙坝水库下泄流量影响经常出现断流，该支流为梁平工业园区污水处理厂（图 5.4–4）的受纳水体，目前小沙河城区段断面水质多次出现劣 V 类，实际与排污沟无异。

子流域 1 的生态改善应着力于水资源的统一调度管理，调洪补枯调节径流量，加大城区段污染控制力度，实施生物多样性保护以及提升水源涵养能力等方面。

图 5.4-4　子流域1小沙河梁山街道断流点现场踏勘

5.4.2.2 **子流域2**

子流域2生态健康状况评估得分为60.8分，等级为“良好”。从水域和陆域生态健康评估雷达图（图5.4-5）可见，水域生态健康指标中，枯水期径流量占同期年均径流量比例和特有性或指示性物种保持率得分低，分别为33.8分和30.0分；陆域8项生态健康指标中只有土壤保持功能指数得分较低，为19.0分，等级为“差”。

子流域2为梁平城区和垫江城区之间的过渡段，受人为干扰影响较小，总体生态健康状况良好，土壤保持功能较弱既有高山峡谷地形地貌等自然因素影响，也有沿河农田耕作等造成的水土流失影响。后续加强水资源的统一调度管理、开展生物多样性保护、治理水土流失是子流域2生态健康状况持续改善的重要方向。

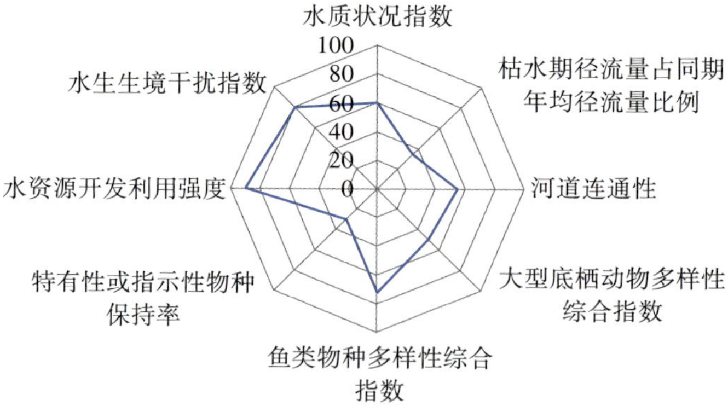

（a）水域各指标分值

图 5.4-5　子流域2水域和陆域生态健康评估雷达图

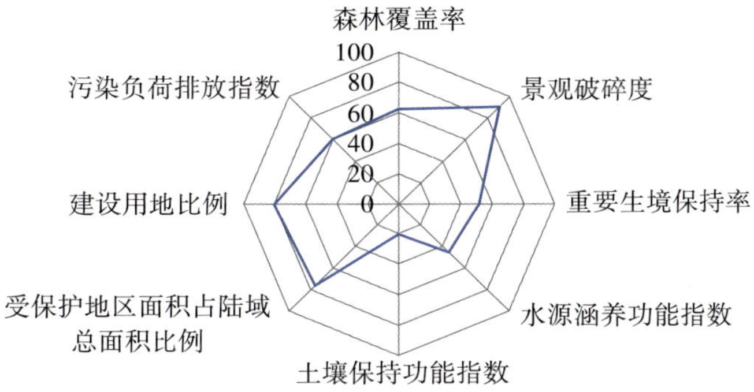

(b)陆域各指标分值

图5.4-5　子流域2水域和陆域生态健康评估雷达图(续)

5.4.2.3 子流域3

子流域3生态健康状况评估得分为58.3分,等级为“一般”。从水域和陆域生态健康评估雷达图(图5.4-6)可见,水域生态健康指标中,枯水期径流量占同期年均径流量比例、特有性或指示性物种保持率得分较低,分别为38.8分和30.0分;陆域生态健康指标中,水源涵养功能指数和土壤保持功能指数得分略低,分别为39.3分和39.5分,另外污染负荷排放指数得分也不高,为46.4分。

子流域3为垫江县城所在区域,水域生态健康问题依然是体现在水生生物多样性保护和生态基流保障上。陆域的问题是城区段的共性问题,主要包括人地矛盾造成植被覆盖率不高,水源涵养功能较弱,人类活动影响造成水土流失以及城区段的生产生活造成污染排放等问题。因此,开展调洪补枯,水生生物多样性保护,恢复陆域生态系统和加强水土流失治理是生态健康持续改善的重要方向。

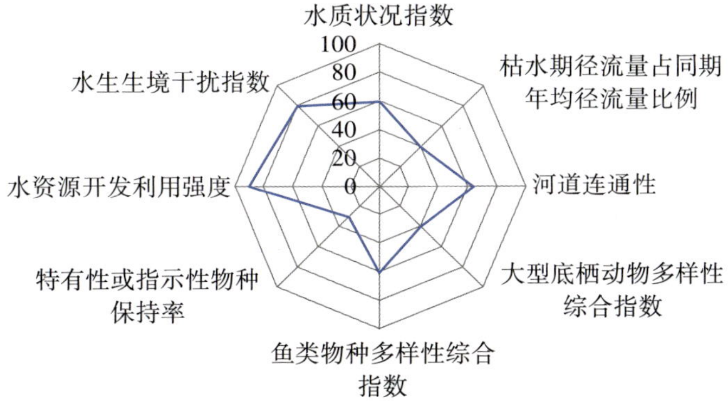

(a)水域各指标分值

图5.4-6　子流域3水域和陆域生态健康评估雷达图

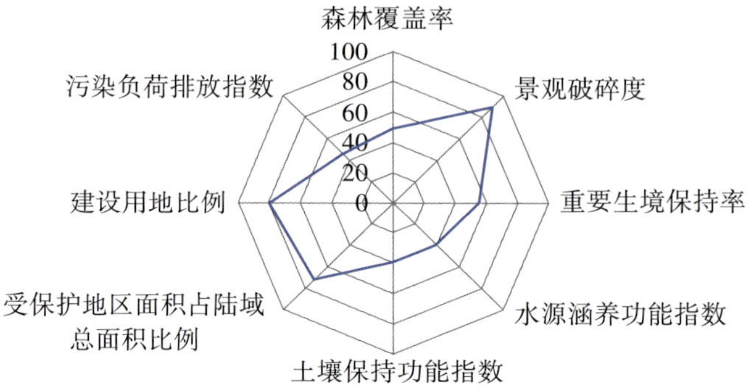

(b)陆域各指标分值

图 5.4-6 子流域3水域和陆域生态健康评估雷达图(续)

5.4.2.4 子流域4

子流域4生态健康状况评估得分为60.1分,等级为“良好”。从水域和陆域生态健康评估雷达图(5.4-7)可见,水域生态健康指标中,特有性或指示性物种保持率得分最低,为30.0分;陆域生态健康指标中有2项得分较低,受保护地区面积占陆域总面积比例和森林覆盖率,分别为22.7分和24.6分。

子流域4为垫江县的乡镇区域,生态健康状况总体良好,水域生态健康问题为全流域共有的生物多样性保护的问题。陆域生态健康问题和子流域2、子流域3不尽相同,该子流域乡镇分布相对集中,缺少大型自然保护区,植被覆盖率低,陆域生态系统比较单一,因此该子流域的生态健康提升重点在陆域生态系统的建设和保护方面。

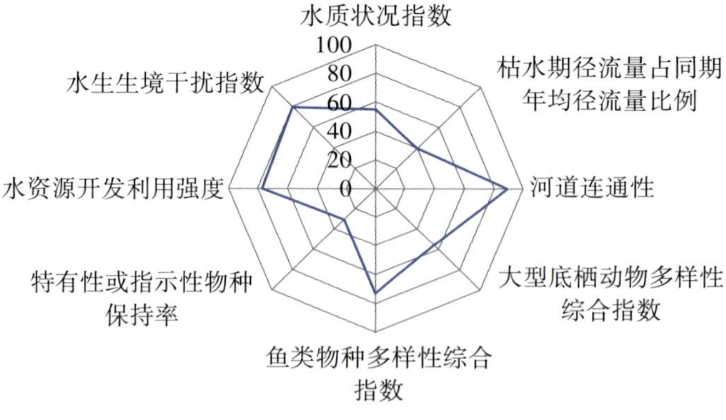

(a)水域各指标分值

图 5.4-7 子流域4水域和陆域生态健康雷达图

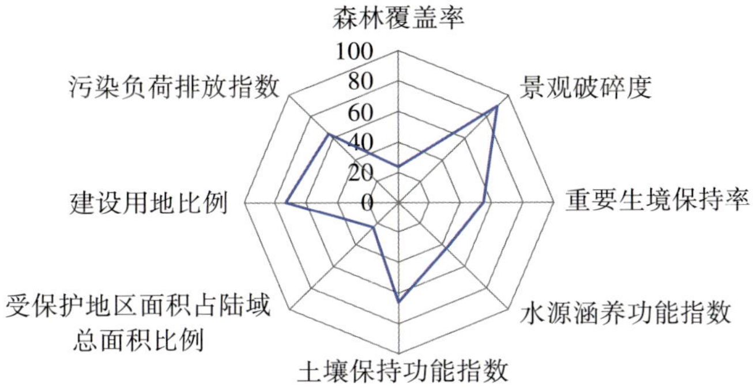

(b)陆域各指标分值

图5.4-7　子流域4水域和陆域生态健康雷达图(续)

5.4.2.5 子流域5

子流域5生态健康状况评估得分为59.1分,等级为“一般”。从水域和陆域生态健康评估雷达图(5.4-8)可见,水域生态健康指标中,河道连通性、大型底栖动物多样性综合指数、特有性或指示性物种保持率得分较低,分别为39.2分、36.6分和30.0分;陆域生态健康指标中,受保护地区面积占陆域总面积比例和森林覆盖率得分较低,分别为22.2分和31.9分。

子流域5的水域生态健康问题除了水生生物多样性保护这个共性问题外,河道连通性处于“较差”等级上限,28.8 km的干流河道上分布有3座电站大坝,加强水资源的统一调度管理是保障生态基流的重要措施。子流域5与子流域4的陆域问题比较相似,同样是缺少大型自然保护区,森林植被覆盖率低,陆域生态系统单一,但造成的原因有一定区别。子流域4为城镇型,主要存在城镇人居造成的用地矛盾等问题;子流域5为农村型,沿河两岸种植业发达,分布有大型蔬菜基地、果园等(如图5.4-9所示),主要存在农业生产造成的用地矛盾等问题,此外,种植业发达也会带来相应的农业面源污染和水土流失等问题。子流域5陆域生态健康的改善应从治理农业面源污染、提升陆域生态系统稳定性着手。

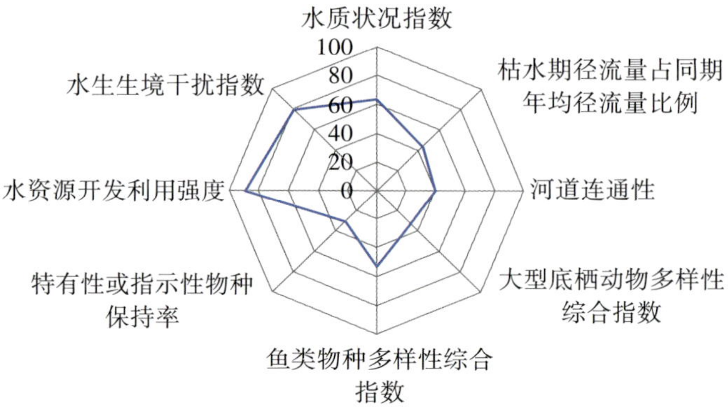

(a)水域各指标分值

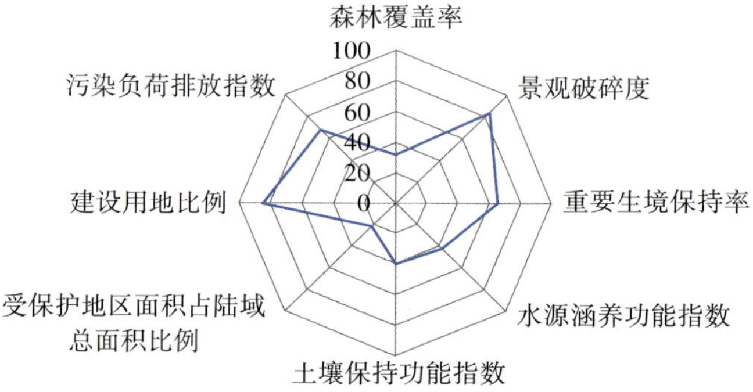

(b)陆域各指标分值

图5.4-8 子流域5水域和陆域生态健康评估雷达图

图5.4-9 子流域5长寿区蔬菜基地和稻田

5.4.2.6 子流域6

子流域6生态健康状况评估得分为63.1分，等级为“良好”，是龙溪河流域得分最高的子流域。长寿湖位于此流域，因水域面积超过50 km²，故增加消落带生态健康评估。从水域、陆域和消落带生态健康评估雷达图（图5.4-10）可见，水域生态健康指标中有3项得分较低，枯水期径流量占同期年均径流量比例、大型底栖动物多样性综合指数和特有性或指示性物种保持率，得分分别为38.9分，29.5分和30.0分；陆域生态健康指标中，森林覆盖率和水源涵养功能指数得分较低，分别为30.8分和39.7分；消落带生态健康指标中人为干扰指数得分较低，为33.1分。

子流域6的生态系统类型为湖泊型，有别于上游子流域的河流型。总体来看，子流域6生态健康状态良好，水域生态健康保护除了注意全流域的共性问题，即生物多样性保护问题外，还应注意调洪补枯，确保生态需水量。从陆域和消落带方面综合来看，应改善围湖建设和种植现状，减少人为干扰，加强陆域生态系统的稳定性，提升水源涵养能力。

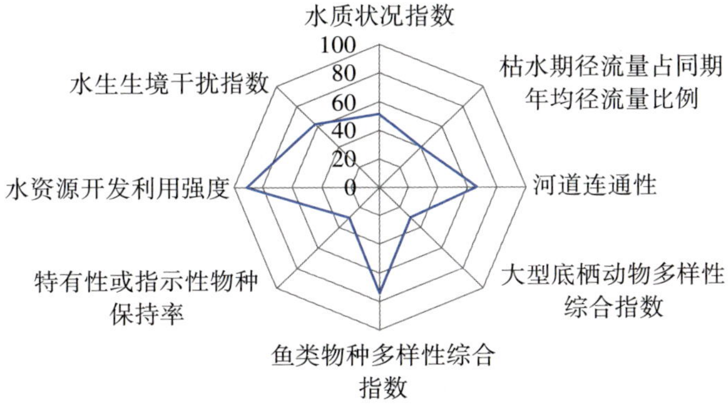

（a）水域各指标分值

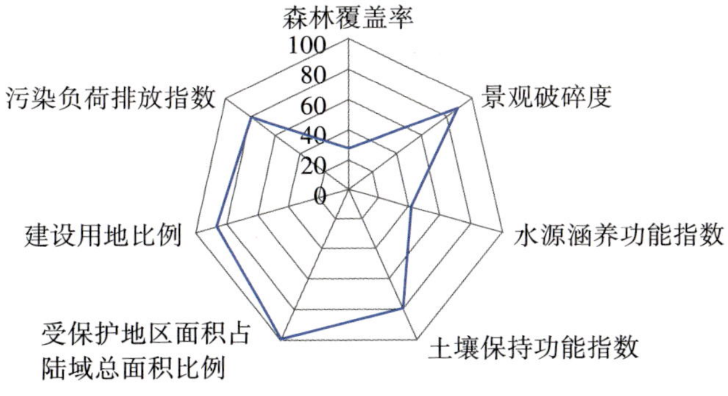

（b）陆域各指标分值

图5.4-10　子流域6水域、陆域和消落带生态健康评估雷达图

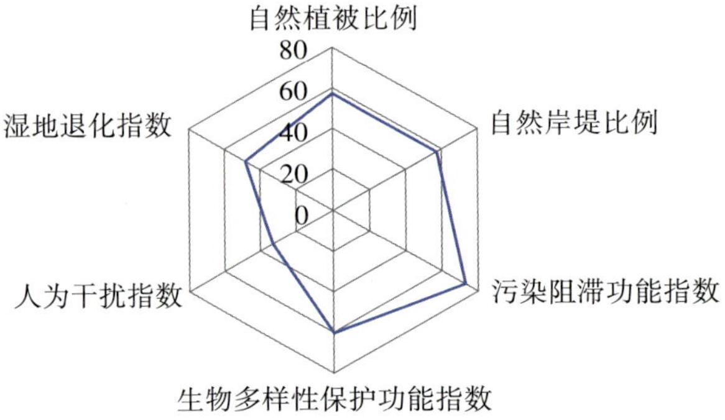

(c)消落带各指标值

图5.4-10　子流域6水域、陆域和消落带生态健康评估雷达图(续)

5.4.2.7 子流域7

子流域7生态健康状况评估得分为45.4分,等级为“一般”,为全流域得分最低的子流域。从水域、陆域生态健康评估雷达图(图5.4-11)可见,水域生态健康指标中得分较低指标有4项,分别是河道连通性、大型底栖动物多样性综合指数、特有性或指示性物种保持率和水资源开发利用强度,得分分别为19.0分、35.9分、30.0分、22.2分;陆域生态健康指标中得分较低指标也有4项,森林覆盖率、水源涵养功能指数、土壤保持功能指数、受保护地区面积占陆域总面积比例,分别为19.0分、28.5分、19.0分、19.0分。子流域7的生态健康问题最为突出,16项评估指标有4项等级为“差”,4项等级为“较差”。

子流域7为长寿城区段所在区域,与子流域1的生态健康问题比较相似。子流域7为龙溪河的下游,龙溪河在此处汇入长江,但由于长寿城区段的城市生活污水处理厂和工业园区污水处理厂尾水并未排入龙溪河,所以该子流域的污染负荷整体较小,且受长江回水影响,该子流域的水质状况指数等级为良好,水质情况要好于子流域1。水域方面,子流域7的河道连通性较差,在干流约18.7 km河段内密集分布有4座水电站,特别是下游的运输桥电站、下清渊硐电站和下硐电站几乎首尾相接(如图5.4-12所示),对水生生境的分割和阻隔影响较大,对鱼类、大型底栖动物等都会有明显影响,全流域共有的水生生物多样性问题在此处更为突出;陆域方面,城区段由于人居用地矛盾、自然保护区少、生态系统单一、植被覆盖率低等原因,水源涵养能力较弱,水土保持困难,生态系统稳定性较差。总体来看,子流域7的生态健康问题明显多于其他子流域,为流域生态改善的重点区域。

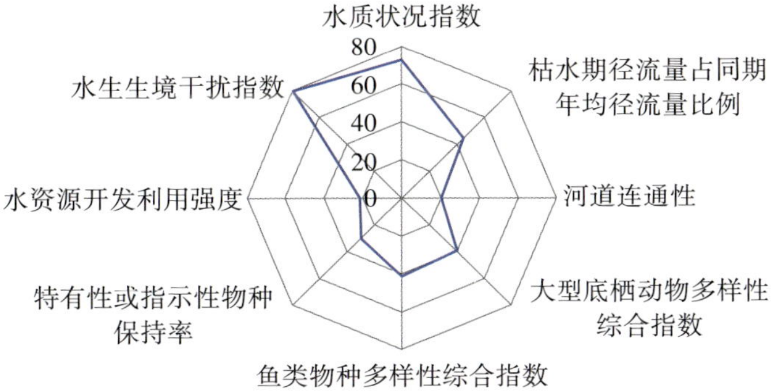

(a)水域各指标分值

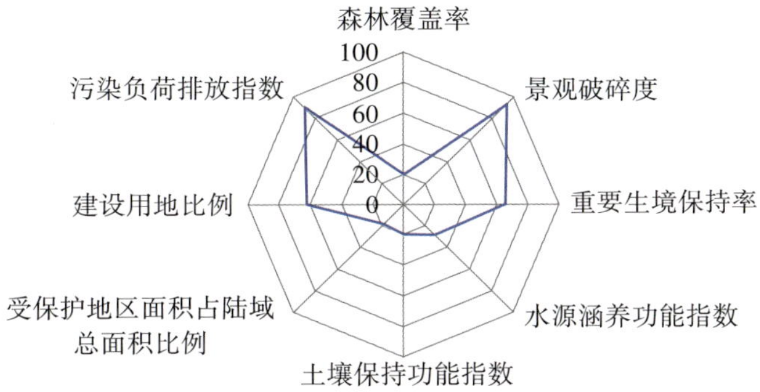

(b)陆域各指标分值

图 5.4-11 子流域7水域、陆域生态健康雷达图

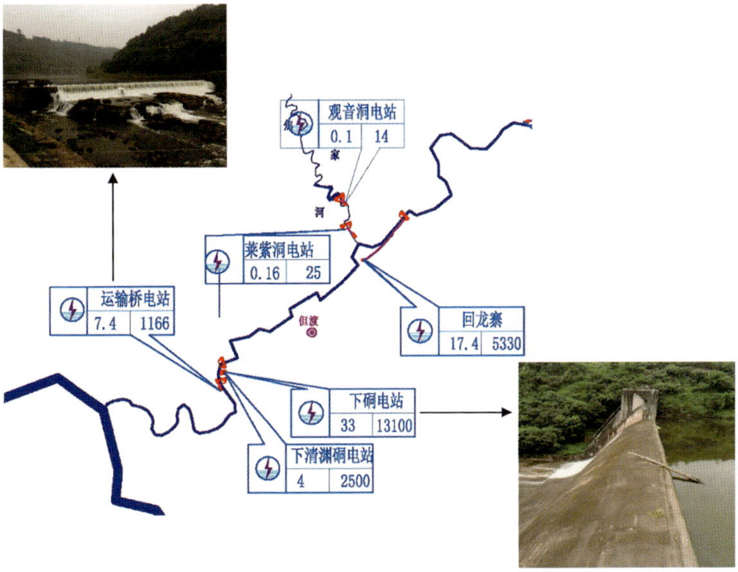

图 5.4-12　子流域7水电站分布状况示意图

第六章
流域生态健康问题识别

由龙溪河流域生态健康评估结果可知，虽然全流域和各个子流域生态健康问题及其影响因子并不完全相同，但是综合来看，水体连通性较差导致部分河段生态基流不足，从而引起水生生物多样性下降；陆域森林植被减少造成陆域生态系统功能出现退化，城区河段生态健康状况较差等问题存在普遍性，是龙溪河流域生态健康的共性问题。

6.1 水域生态健康存在的问题

6.1.1 连通性较差，部分河段生态基流不足

龙溪河流域梯级电站开发较早，目前干流分布有16座水电站（实际运作的有14座，含2个退出的），支流共有梯级电站17座，还有数量较多的橡胶坝、翻板闸等水利建筑物。这些水利设施对径流产生一定调节作用，蓄水、发电带来了经济效益，但改变了河流原有的天然径流模式，将河流分隔成了多段，特别是子流域1和子流域7，干流河段长度约为24.3 km和18.7 km，都分布有4座闸坝或水电站，河道连通性与天然状况差别较大。早期开发的水电站多数没有安装生态流量泄放设施和监控设施，当枯水期水位降低时部分河段生态流量无法保障。干流的中堡滩电站、高洞电站、码头滩电站、磨滩电站、高安电站都曾存在生态基流不足的问题。在经过小水电清理整改工作后，流域内电站基本配置了生态流量泄放设施，部分大型电站安装了生态流量监控设施，干流生态基流不足的问题得到缓解，但支流生态基流不足的现象仍普遍存在。支流本身水量较小，又分布有不少闸坝和电站，并且多数电站无调度运行管理机制，闸坝泄放水视来流情况而定，造成部分河段出现季节性脱水断流的情况，严重影响下游水域生态健康。现场踏勘发现，连二桥河段、六剑

滩电站下游，支流小沙河、焦家河等都出现过季节性脱水断流的情况。部分河道连通性较差，生态基流不足，水体自净能力减弱，无法满足生态需水要求，逐渐失去生态功能。龙溪河部分河段脱水断流情况见图6.1-1。

图6.1-1 龙溪河部分河段脱水断流情况

6.1.2 栖息生境改变，水生生物多样性下降

流域内水利设施较多，对水生生境的分割和阻隔影响较大。河道的缓流或静水生境增加，急流生境相应减少，这些改变导致水体对温度、溶解氧、泥沙含量等环境因子波动的生态缓冲及调控作用降低，环境因子的波动剧烈，有可能超过水生生物的适宜范围甚至耐受极限，造成物种生长受阻甚至死亡。并且一些原生物种完成生活史所必需的生态功能性生境（如繁殖场、育幼场、索饵场、越冬栖息地）消失或发生重大改变，对高等脊椎动物鱼类的生态冲击巨大。多种鱼类需要通过季节性的洄游完成其生活史，而片段化的河道使这些鱼类失去了洄游的生态通道，导致种群萎缩甚至灭绝。根据《长寿湖水库草鲢鱼天然繁殖调查报告（续）》记载，从新滩直到石膏滩约5 km地段，河床落差达20 m左右，流速较大，滩下流速变化多端，给流水性产卵的鱼类提供了优良的产卵环境。1959年，长寿湖水库中的草鱼、鲢主要是在新滩、石膏滩等地产卵。又根据《重庆江河水域渔业利用的途径与对策》（陈昌齐，1994）记载，从重庆市渔获物质量组成来看，鲤、鲢、鳙、草鱼、鲫等养殖品种已达55%，江河鱼类组成单一化日趋明显。根据2020年现场调查结果，新滩和石膏滩这两处产卵场随着龙溪河梯级电站建设已消失。新滩和石膏滩目前位于平滩坝下水域，下游紧接长寿湖库区，已不存在流水环境。部分喜流水的鱼类品种随着流水环境的丧失其数量显著减少。龙溪河流域原有的岩原鲤、四川华吸鳅等适应急流

环境的长江上游特有鱼类在近几年的鱼类资源调查中很少发现。

河流中浅滩和水塘是水生生物不同生命周期所必需的生存环境，河流渠化、分水工程和污染排放会破坏这些地带，加之沿岸周边村镇沿河开垦种植，滨水自然植被破坏较多，敏感生态空间（湿地、水源涵养区、缓冲带）被生产活动侵占，这些都会造成河道小生境多样性减少，导致河流水生植物、底栖动物等水生动植物群落结构发生变化，出现水生生物多样性降低的现象。流域部分河段内本土挺水植物、沉水植物基本消失，水葫芦、水花生（喜旱莲子草，见图6.1-2）等外来入侵种随处可见。

图6.1-2　外来入侵种水花生

6.1.3 城区段污染负荷大，生态健康问题更为突出

龙溪河发源于重庆市梁平区明达镇，流经梁平区、垫江县、长寿区后，与发源于忠县的大沙河合流，于长寿区凤城街道汇入长江。梁平城区段属于子流域1，垫江城区段属于子流域3，长寿城区段属于子流域7。从生态健康评估结果来看，子流域7、子流域1的健康状况要明显劣于其他子流域，子流域7在16项评估指标中有8项为“较差”及以下等级，子流域1有6项为“较差”及以下等级，其他子流域段等级为“较差”的指标一般为3—4个，城区段子流域的生态健康问题明显多于其他子流域。

城区段人地矛盾更为突出，自然保护区少，生态系统单一，植被覆盖率低，水源涵养能力较弱，水土流失较重，生态系统稳定性整体较差。加之城区段人口居住相对集中，生产生活带来的污染排放压力要明显高于其他子流域。龙溪河流域工业不发达，城镇生活源、农村生活源和畜禽养殖源是各个城区段的污染主要贡献源。目前龙溪河流域内基本实现了乡镇污水处理设施全覆盖，但管网建设相对滞后，且存在破损渗漏、错接混接等情况，老城区雨污水未完全分流，雨季尤其是暴雨季节溢流污染较为严重。沿岸居民发展种植业和养殖业对于流域生态健康也有不同程度的影响。当地居民喜欢在河边、滩涂种菜，种植水果等，由于传统农业的粗放耕作，掠夺式的土地经营方式对化肥、农药过度依赖，造成营养盐和农药过量累积，农业面源污染较重。流域内畜禽养殖业发达，虽然目前流域内大部分畜禽养殖场建有配套的粪污处理设施，但普遍管理粗放，治理水平较低。城区段生产生活带来的污染排放对本身就脆弱的城区生态系统构成威胁，城区段子流域是龙溪河流域生态健康持续改善的重要区域。

6.2 陆域生态健康存在的问题

6.2.1 森林植被明显减少，生态功能出现退化

龙溪河流域两岸早期主要为自然岸线，从改革开放到20世纪末，国家大力发展经济，沿河两岸和长寿湖湖岸多被开垦为耕地和园地。随着人工经济林、果园、畜禽养殖、水产养殖等农业的发展，耕地、园地和鱼塘等人工生态系统越来越占优势。自然湿地和森林植被面积减少，尤其是天然林地面积减少，部分林地在开发过程中转化为灌草地，形成混杂的次生植被和人工植被类型，森林覆盖率降低，分布格局不能满足自然生态系统的需求。从林地分布情况来看，龙溪河流域林地主要集中在龙溪河上游，东侧为东山，西侧为明月山，中间地带为广阔的平原，除梁平、垫江城区外，主要为广袤的耕地。龙溪河下游段除子流域6有长寿湖湿地自然保护区外，子流域4、子流5、子流域7都缺乏自然保护区，受保护地区面积占流域总面积比例低，林地被灌木、草地所取代。子流域7长寿城区段，建筑用地比例达到最高，森林覆盖率降到最低。根据遥感解译数据，2020年龙溪河流域的林地、草地面积与2000年相比分别减少了4.0%、21.8%，灌木面积与2000年相比增加了22.2%。水陆自然过渡带、河滨带的天然湿地都明显减少，局部岸坡岩石风化，出现滑坡、泥石流、垮塌等地质灾害。生态系统各个要素之间失去平衡，植被和土壤调节气候的功能被削弱，水源涵养能力下降、水土保持功能减弱等环境承受能力减退的问题出现，重要生境遭受威胁，流域自然生态系统功能呈退化趋势。

随着可持续发展观念不断贯彻深入，各级自然保护区和森林公园受到保护，植树造林使森林覆盖率得到一定程度的恢复，改善了水土保持状况，但人工林也面临着一些问题，如结构单一、稳定性和持久性较差、群落物种多样性不高、天然更新慢、易受病虫害影响等，同时对本土植物的生长产生不利影响。

6.2.2 土地利用方式转变，人为干扰影响大

比较龙溪河流域2000年和2020年的土地利用图像资料可见，流域沿岸村庄规模扩大，民居用地面积和公共建设用地面积大幅增加，自然生态系统的比重明显下降。比如，长寿湖区域由于围湖建设和农业耕作，消落带湿地面积2000年为192 746.0 m^2，2020年下降到178 818.5 m^2，减少了13 927.5 m^2，消落带原有的生态系统空间组成和格局发生变化。人类干扰产生的根源主要来自经济发展，建设用地不断扩大、人工和半人工景观重新布局，导致自然生态系统功能下降或变化。随着龙溪河流域城镇化进程加快，建筑用地优势度随之而增大，其带来的场地裸露、砖瓦堆积、垃圾堆放等现象，都会影响流域的生态健康。随着河岸线区域种植业的快速发展，生物多样性丰富的河岸、漫滩和阶地上的植被，被单一的农业植被取而代之，这不仅改变了原有地貌，还改变了河流廊道的水文功能，增加了高地的地表径流和污染物的迁移，造成河岸侵蚀加剧和水土流失。从前面的生态健康评估结果可知，人类活动频繁的城区段，生态系统健康状况和生态功能受影响程度要明显高于其他区域。龙溪河流域沿岸人类活动导致场地裸露情况如图6.2-1所示。

图6.2-1　龙溪河流域沿岸人类活动导致场地裸露

第七章 对策与建议

7.1 流域生态健康保护对策

7.1.1 推动流域生态修复，保护水生生物多样性

推动龙溪河流域生态修复。以水质不稳定、面源污染较重、水生态脆弱性高的区域为重点，加快实施水生态保护修复，加强河流两岸坡耕地整治，加快建设生态护岸林带和绿化缓冲带。实施龙溪河流域长寿湖消落带生态保护与修复。按照保留保护区、生态修复区和工程治理区的要求，对消落带实行分区保护和多级治理。保留保护区内避免人类活动干扰，促进消落带生态系统结构与功能的自然恢复；生态修复区内进一步开展植被恢复科研及试点示范，建设湿地公园及湿地保护试点区，实施裸地植被恢复与景观格局重建，建设滨江生态带；工程治理区内以库岸岸段为单元，采取生态修复、工程治理等措施进行综合整治。

保护水生生物多样性。结合生态保护红线划定范围，在水生生物重要栖息地建立自然保护区或其他保护地，实行严格的保护和管理措施。强化就地保护，加强流域源头生境保护，加大珍稀物种、特有物种的产卵场、索饵场、越冬场、洄游通道等关键栖息地保护力度。根据保护需要，在重要水生生物栖息地划定自然保护区、种质资源保护区、重要湿地，将各类水生生物重要分布区纳入保护范畴。加强保护区能力建设，定期对自然保护区人类活动进行遥感监测和实地核查。严格执行禁渔期、禁渔区等制度，逐步扩大制度落实范围。在生态结构受损和生物多样性降低的子流域，通过开展人工湿地建设，投放人工鱼礁，修复水生植被，修复土著鱼类，投放螺类、蚌类、节肢类底栖生物等修复措施，可逐步提高流域生态系统功能。强化和规范增殖放流管理，合理实施水生生物增殖放流，加强增殖放流效果的跟踪评估，严禁放流外来物种。严控外来入侵物种，对造成重大生态危害的外来入侵物种开展治理和清除。

持续开展龙溪河流域生物多样性调查和观测，摸清生物多样性本底、分布、动态变化和威胁因素，综合评估流域生物多样性分布格局特征、保护状况与保护成效，夯实生物多样性保护工作基础。

7.1.2 强化水资源开发管理，有效保障流域生态流量

严格控制用水总量。加强用水效率控制红线管理，健全用水总量、用水强度控制指标体系，实行最严格的水资源管理制度考核，提高水资源利用效率。加强龙溪河流域水量配置与调度管理，优化水资源配置，将保障生态流量目标作为硬约束，突出生态用水重要性，提升生态用水量占比。强化水资源统一调度，科学制定流域水量调度方案和调度计划。巩固深化长江经济带小水电清理整改工作成效，严控流域小水电开发建设，促进小水电科学有序可持续发展。完善水电站下泄生态流量装置日常运行和维护机制，各水电站应建立下泄生态流量管理制度，将生态流量泄放及其监测、监控设施的运行维护纳入日常工作中。加强对各水电站生态流量泄放措施的监管力度，定期或不定期检查和抽查泄放设施运行的有效性；同时考虑实现生态流量泄放设施在线监控，对河流生态流量下泄进行统一调度管理，并建立下泄流量预警机制，保证各水电站按规定下泄生态流量。将流域生态流量保障情况纳入最严格的水资源管理制度考核范围。针对枯水期上游来水量少、自然降水不足等造成的水体自净能力降低、水质可能恶化等情况，要完善特殊干旱期的应急对策。

7.1.3 加强流域植被恢复，重视生态功能区建设

加强森林植被恢复。在植物资源普查的基础上，保护本地区原有的天然分布的植物特种。对于分布在龙溪河流域的森林资源，要高度重视它们的生态价值并尽可能减少附近的人类活动。调整土地利用结构，恢复植被覆盖，积极实施退耕还林、绿化荒山、天然林保护等工程，发展经济林、水土保持林、防护林等多种经营方式。实施林地用途管制、林地使用审核审批和使用林地定额制度，全面推行林长制，确保流域林地保有量稳中有升。在公益林、用材林、经济林中实施森林抚育和低效林改造等措施，全面停止天然林商业采伐，增强森林生态功能和效益，提高森林质量。对于重要生境遭到严重破坏的区域，要科学合理地进行人工抚育，比如在局部水土流失较严重的地段补植原生的湿地植物等，恢复水陆相间的生物群落。

提升森林防火和扑救能力，防治森林病虫害，保护森林资源。

要加强重要水源涵养区监督管理，开展重要水源涵养区基本状况、生态状况、人类活动本底情况和其他相关基础信息调查，建立重要水源涵养功能区基础信息台账。

7.1.4 加大污染源防治力度，防止生态环境恶化

龙溪河流域的主要污染源有城镇生活源、农村生活源、种植业面源和畜禽养殖源。加大污染源防治力度，是防止生态环境恶化的重要工作之一。

深化城镇和农村生活源治理，全面提升龙溪河流域污水处理厂运行效率，推进配套管网完善工作，实施错接、漏接排水管网的改造，推进雨污管网分流的改造和缺失污水管网配套的建设。

加强农业种植污染防治，加强规模种植户技术指导，以单位面积化肥和农药用量高的地区、作物和新型经营主体为重点，因地制宜推广配方施肥、有机无机配施、水肥一体化等化肥减量重点技术和抗病品种、绿色防控、专业化统防统治等农药减量重点技术，从源头控制农业种植污染。因地制宜推广蓄留冬水田、生态拦截沟等末端控制技术，净化农田退水及地表径流。

防治畜禽和水产养殖污染，优化调整养殖布局，促进养殖规模与资源环境相匹配，严格执行禁养区、限养区、适养区“三区”管理规定。加快发展种养有机结合的循环农业，依托种植业布局，合理规划养殖场，大力推进“种养结合、生态还田”的模式，构建种养循环发展机制。推进畜禽养殖场综合利用和无害化处理设施建设，实施畜禽养殖场雨污分流、干湿分离改造，加强养殖场污染治理设施运行和粪污还田利用全过程监管。以生产农家肥或商品有机肥、沼液还田、肥水利用等综合利用方式为重点，鼓励和引导第三方企业对畜禽养殖场（户）粪污进行专业集中处理。加强水产养殖污染治理，严格按照养殖水域滩涂规划划定的“三区”范围，合理布局养殖区域，科学确定养殖规模和养殖密度，依法关停禁养区内养殖场，在养殖区内新建、扩建水产专用养殖场（池）应配套建设养殖尾水治理设施。

7.1.5 推进生态监测体系建设，加强生态环境日常监管

推进龙溪河流域生态监测体系建设。建立生态环境动态监测网络，定期开展流域水生态调查监测，主要包括对水生生物指标、水质理化指标和物理生境指标等

的监测;开展河湖缓冲带、生态用水保障程度、湿地恢复与建设情况遥感监测;定期对各类指标进行统计分析,开展生态健康评估、服务功能损失评估、人类活动对生态安全的影响评估,建立龙溪河流域生态环境长期性观测体系以及龙溪河流域水生生物标本库。

进一步强化流域生态环境日常监管。统筹水资源、水环境、水生态治理,扎实推进流域生态环境监管工作。以全面推行河长制为重要抓手,健全跨部门、区域、流域的水生态环境保护议事协调机制,流域上下游各级政府、各部门之间要加强协调配合、定期会商,实施联合监测、联合执法、应急联动、信息共享。严格环境执法。统一实行生态环境保护执法,从严处罚生态环境违法行为,着力解决环境违法、生态破坏、环境风险隐患突出等问题。严格落实生态环境损害赔偿制度,加强对重要案件的督导办理,督促企业主要负责人承担应尽的生态环境保护职责,做到责任清晰。

7.1.6 增强居民环保意识,鼓励公众参与监督

通过电视、广播、报纸、网站等主流媒介并辅助张贴广告、横幅、工程告示牌等多种宣传手段,结合“世界地球日”“世界水日”“世界环境日”等主题,开展多层次、多形式的立体环保宣传教育活动,进一步增强人们的生态环境保护意识。通过走访、调研等方式,积极宣传保护龙溪河流域生态环境的重要意义,提高社会对生态保护的关注度,广泛发动群众参与,努力营造良好的社会氛围。加强长寿湖风景名胜区生态旅游教育,把生态理念和生态文化融入旅游的各个环节,突出生态背景,凸显生态文化,强化生态体验。完善生态环境信息发布制度,拓宽公众参与和监督的渠道,完善信访、举报、听证和公示制度,鼓励公众和非政府组织参与,积极引导广大公众在项目实施过程中进行评判和监督,增加环境与发展决策的透明度,促进生态环境领域决策和管理的科学化、民主化。

7.2 运用建议

流域生态健康状况已逐渐成为制约区域社会经济可持续发展的关键因素之一。开展流域生态健康评估工作,不仅能够精准识别影响流域生态健康的关键因子和关键区域,还能为流域环境管理提供技术支撑和参考依据。

7.2.1 识别影响流域生态健康的关键因子和区域

流域生态健康调查与评估成果可用于识别发挥流域生态系统服务功能的关键区域，可为生态保护红线划定提供技术支撑，有利于把握流域生态健康的关键问题，便于治理修复对症施策。通过龙溪河流域生态健康评估可以看出，7个子流域中生态健康状态评价结果为“良好”的是子流域2、子流域4、子流域6。这3个子流域后续生态保护措施以维护和加强现有生态保护效果为主，其余4个子流域评价结果均为“一般”。生态健康状况明显较差的是子流域1和子流域7，分别为梁平城区段和长寿城区段，水域和陆域都有较多的指标评估等级为“较差”或“差”，这些区域是生态健康修复的重点区域，而得分较低的指标也明确了修复和改善的方向。

7.2.2 为流域管理服务

流域生态健康评估成果可为流域内的环评审批、区域限批提供参考依据。当流域生态健康的问题表现为流域生态系统结构破坏时，建议通过环评审批的方式，针对受影响的结构性指标，控制流域内的建设开发活动；当问题主要表现为水环境污染时，可考虑通过区域限批的方式，进一步严格限制流域内的污染物排放总量，降低污染物排放强度；当以上两种情况同时存在时，环评审批和区域限批可叠加使用。

流域生态健康评估成果可作为界定流域生态补偿范围的参考依据；不同时期流域生态健康评估结果的比较，可为流域生态补偿标准测算提供依据；流域生态补偿与流域生态健康变化的对应性关系分析结果，可用于调整生态补偿的资金和修正相关政策。

附表

附表1 渔获物统计鱼类名录及主要生态类型矩阵

序号	中文名	拉丁文	目	科	属	主要的生活水层			主要水体环境类型			主要食性		
						中上层	中下层	底层	急流型	缓流型	静水型	肉食性	杂食性	植食性
1	食蚊鱼	*Gambusia affinis*	鳉形目	胎鳉科	食蚊鱼属	1	0	0	0	1	1	0	1	0
2	大鳞副泥鳅	*Paramisgurnus dabryanus*	鲤形目	鳅科	副泥鳅属	0	0	1	0	1	1	0	1	0
3	泥鳅	*Misgurnus anguillicaudatus*	鲤形目	鳅科	泥鳅属	0	0	1	0	1	1	0	1	0
4	鳊	*Parabramis pekinensis*	鲤形目	鲤科	鳊属	0	1	0	0	1	1	0	0	1
5	达氏鲌	*Culter dabryi dabryi*	鲤形目	鲤科	鲌属	1	0	0	0	0	1	1	0	0
6	蒙古鲌	*Culter mongolicus*	鲤形目	鲤科	鲌属	1	0	0	0	1	1	1	0	0
7	翘嘴鲌	*Culter alburnus*	鲤形目	鲤科	鲌属	1	0	0	0	1	1	1	0	0
8	贝氏䱗	*Hemiculter bleekeri*	鲤形目	鲤科	䱗属	1	0	0	0	1	1	0	1	0
9	䱗	*Hemiculter leucisculus*	鲤形目	鲤科	䱗属	1	0	0	0	1	1	0	1	0
10	张氏䱗	*Hemiculter tchangi*	鲤形目	鲤科	䱗属	1	0	0	0	1	1	0	1	0
11	厚颌鲂	*Megalobrama pellegrini*	鲤形目	鲤科	鲂属	0	1	0	0	1	0	0	1	0
12	团头鲂	*Megalobrama amblycephala*	鲤形目	鲤科	鲂属	0	1	0	0	1	1	0	1	0
13	黑尾近红鲌	*Ancherythroculter nigrocauda*	鲤形目	鲤科	近红鲌属	1	0	0	0	1	0	1	0	0
14	飘鱼	*Pseudolaubuca sinensis*	鲤形目	鲤科	飘鱼属	1	0	0	0	1	1	0	1	0
15	似鳊	*Pseudobrama simoni*	鲤形目	鲤科	似鳊属	0	1	0	0	1	0	0	0	1
16	红鳍原鲌	*Cultrichthys erythropterus*	鲤形目	鲤科	原鲌属	1	0	0	0	1	1	1	0	0
17	马口鱼	*Opsariichthys bidens*	鲤形目	鲤科	马口鱼属	1	0	0	0	1	0	1	0	0
18	黄尾鲴	*Xenocypris davidi*	鲤形目	鲤科	鲴属	0	1	0	0	1	1	0	0	1
19	圆吻鲴	*Distoechodon tumirostris*	鲤形目	鲤科	圆吻鲴属	0	0	1	0	1	0	0	0	1
20	棒花鱼	*Abbottina rivularis*	鲤形目	鲤科	棒花鱼属	0	0	1	0	1	0	0	1	0
21	花䱻	*Hemibarbus maculatus*	鲤形目	鲤科	䱻属	0	1	0	0	1	0	1	0	0
22	麦穗鱼	*Pseudorasbora parva*	鲤形目	鲤科	麦穗鱼属	0	1	0	0	0	1	1	0	0
23	黑鳍鳈	*Sarcocheilichthys nigripinnis*	鲤形目	鲤科	鳈属	0	1	0	0	1	0	0	1	0
24	华鳈	*Sarcocheilichthys sinensis*	鲤形目	鲤科	鳈属	0	1	0	0	1	0	0	1	0
25	蛇鮈	*Saurogobio dabryi*	鲤形目	鲤科	蛇鮈属	0	0	1	0	1	0	1	0	0

附表1　渔获物统计鱼类名录及主要生态类型矩阵(续)

序号	中文名	拉丁文	目	科	属	主要的生活水层			主要水体环境类型			主要食性		
						中上层	中下层	底层	急流型	缓流型	静水型	肉食性	杂食性	植食性
26	点纹银鮈	*Squalidus wolterstorffi*	鲤形目	鲤科	银鮈属	0	1	0	0	1	0	0	1	0
27	银鮈	*Squalidus argentatus*	鲤形目	鲤科	银鮈属	0	0	1	0	1	0	0	1	0
28	鲫	*Carassius auratus*	鲤形目	鲤科	鲫属	0	0	1	0	0	1	0	1	0
29	鲤	*Cyprinus carpio*	鲤形目	鲤科	鲤属	0	1	0	0	0	1	0	1	0
30	鲢	*Hypophthalmichthys molitrix*	鲤形目	鲤科	鲢属	1	0	0	0	0	1	0	0	1
31	鳙	*Aristichthys nobilis*	鲤形目	鲤科	鳙属	1	0	0	0	0	1	1	0	0
32	高体鳑鲏	*Rhodeus ocellatus*	鲤形目	鲤科	鳑鲏属	1	0	0	0	0	1	0	1	0
33	中华鳑鲏	*Rhodeus sinensis*	鲤形目	鲤科	鳑鲏属	1	0	0	0	0	1	0	1	0
34	大鳍鱊	*Acheilognathus macropterus*	鲤形目	鲤科	鱊属	1	0	0	0	1	0	0	1	0
35	短须鱊	*Acheilognathus barbatulus*	鲤形目	鲤科	鱊属	1	0	0	0	1	0	0	1	0
36	兴凯鱊	*Acheilognathus chankaensis*	鲤形目	鲤科	鱊属	1	0	0	0	1	1	0	1	0
37	草鱼	*Ctenopharyngodon idella*	鲤形目	鲤科	草鱼属	0	1	0	0	1	0	0	0	1
38	麦瑞加拉鲮	*Cirrhinus mrigala*	鲤形目	鲤科	鲮属	0	0	1	0	1	1	0	1	0
39	双斑副沙鳅	*Parabotia bimaculata*	鲤形目	鳅科	副沙鳅属	0	0	1	1	0	0	1	0	0
40	乌鳢	*Channa argus*	鲈形目	鳢科	鳢属	0	0	1	0	1	1	1	0	0
41	小黄黝鱼	*Micropercops swinhonis*	鲈形目	沙塘鳢科	小黄黝鱼属	0	0	1	0	1	1	0	1	0
42	波氏吻虾虎鱼	*Rhinogobius cliffordpopei*	鲈形目	虾虎鱼科	吻虾虎鱼属	0	0	1	0	1	0	1	0	0
43	子陵吻虾虎鱼	*Rhinogobius giurinus*	鲈形目	虾虎鱼科	吻虾虎鱼属	0	0	1	0	1	1	1	0	0
44	大鳍鳠	*Mystus macropterus*	鲇形目	鲿科	鳠属	0	0	1	1	0	0	1	0	0
45	黄颡鱼	*Pelteobagrus fulvidraco*	鲇形目	鲿科	黄颡鱼属	0	0	1	0	1	0	1	0	0
46	瓦氏黄颡鱼	*Pelteobagrus vachelli*	鲇形目	鲿科	黄颡鱼属	0	0	1	0	1	0	1	0	0
47	长须拟鲿	*Pseudobagrus eupogon*	鲇形目	鲿科	拟鲿属	0	0	1	0	1	0	1	0	0
48	短尾拟鲿	*Pseudobagrus brericaudatus*	鲇形目	鲿科	拟鲿属	0	0	1	0	1	0	1	0	0
49	钝吻拟鲿	*Pseudobagrus crassirostris*	鲇形目	鲿科	拟鲿属	0	0	1	0	1	0	1	0	0
50	鲇	*Silurus asotus*	鲇形目	鲇科	鲇属	0	0	1	0	0	1	1	0	0
合计		4目　9科　36属　50种												

附表2　渔获物统计及特有种、常见种、优势种类

序号	行标签	数量/尾	数量占比/%	位点数	位点占比/%	总体重/g	体重占比/%	平均体重/g	单尾体重范围/g	体长范围/mm	IRI指数	中国特有种	长江特有种	优势种	常见种
1	食蚊鱼	3	0.04	2	10	1.2	0.00	0.40	0.1—0.6	1.9—2.9	0.40	○			
2	大鳞副泥鳅	2	0.03	1	5	75.8	0.05	37.90	37.1—38.7	153.0—155.0	0.36	※			
3	泥鳅	6	0.08	5	25	100.4	0.06	16.73	1.8—56.2	6.3—136.0	3.51				
4	鳊	6	0.08	1	5	588.4	0.36	98.07	12.2—315.1	9.0—200.0	2.19				
5	达氏鲌	10	0.13	1	5	457.5	0.28	45.75	30.7—61.5	135.0—175.0	2.06	※			
6	蒙古鲌	23	0.30	4	20	1 953.4	1.19	84.93	20.2—500.0	12.6—205.0	29.93				
7	翘嘴鲌	73	0.96	11	55	3 921.2	2.40	53.72	6.1—162.4	15.3—240.0	184.72				√
8	贝氏䱗	154	2.03	4	20	3 886.2	2.37	25.24	13.7—80.9	10.6—165.0	88.12				
9	䱗	534	7.05	17	85	15 912.0	9.72	29.80	2.0—86.3	5.9—189.0	1 425.12			△	
10	张氏䱗	145	1.91	13	65	6 923.0	4.23	47.74	3.3—278.0	6.8—192.0	399.24	※	☆		√
11	厚颌鲂	6	0.08	1	5	3 356.3	2.05	559.38	26.0—2 000.0	10.5—350.0	10.65	※	☆		
12	团头鲂	27	0.36	1	5	1 494.0	0.91	55.33	19.3—193.0	98.0—198.0	6.34	※			
13	黑尾近红鲌	4	0.05	3	15	88.8	0.05	22.20	1.4—40.9	53.0—163.0	1.61	※	☆		
14	飘鱼	34	0.45	2	10	653.2	0.40	19.21	12.1—39.7	10.3—175.0	8.48				
15	似鳊	517	6.82	8	40	21 128.3	12.91	40.87	7.0—75.2	8.1—162.0	789.12			△	
16	红鳍原鲌	63	0.83	13	65	2 638.4	1.61	41.88	1.4—156.9	10.3—232.0	158.79				√
17	马口鱼	10	0.13	3	15	311.6	0.19	31.16	1.8—51.6	5.3—137.0	4.83	※			
18	黄尾鲴	7	0.09	1	5	605.4	0.37	86.49	24.5—146.8	115.0—208.0	2.31	※			
19	圆吻鲴	19	0.25	3	15	652.6	0.40	34.35	25.5—84.4	14.0—164.0	9.74	※			
20	棒花鱼	30	0.40	9	45	315.1	0.19	10.50	1.9—25.8	5.8—100.0	26.48				
21	花䱻	17	0.22	7	35	823.3	0.50	48.43	0.9—234.8	4.5—220.0	25.45				
22	麦穗鱼	1 329	17.54	15	75	6 943.4	4.24	5.22	0.1—25.9	4.0—90.0	1 633.41			△	
23	黑鳍鳈	53	0.70	12	60	839.2	0.51	15.83	3.9—38.4	7.5—112.0	72.72				
24	华鳈	260	3.43	11	55	8 438.8	5.15	32.46	2.9—84.2	2.4—160.0	472.21	※			√
25	蛇鮈	2	0.03	1	5	49.6	0.03	24.80	10.3—39.3	98.0—155.0	0.28				
26	点纹银鮈	152	2.01	13	65	508.4	0.31	3.34	0.3—89.0	4.1—88.0	150.56	※	☆		√

附表2　渔获物统计及特有种、常见种、优势种类(续)

序号	行标签	数量/尾	数量占比/ %	位点数	位点占比/ %	总体重/ g	体重占比/ %	平均体重/ g	单尾体重范围/ g	体长范围/mm	IRI指数	中国特有种	长江特有种	优势种	常见种
27	银鮈	36	0.48	8	40	384.3	0.23	10.68	0.7—36.5	4.2—126.0	28.39				
28	鲫	231	3.05	18	90	11 600.9	7.09	50.22	0.4—699.0	2.5—210.0	912.09			△	
29	鲤	15	0.20	5	25	1 566.9	0.96	104.46	21.8—522.9	35.9—385.0	28.88				
30	鲢	30	0.40	8	40	14 872.7	9.08	495.76	0.5—1 290.0	2.8—461.0	379.22				√
31	鳙	46	0.61	3	15	27 328.8	16.69	594.10	29.5—2 763.0	11.5—174.0	259.50				√
32	高体鳑鲏	660	8.71	16	80	1 627.8	0.99	2.47	0.1—15.6	2.8—89.0	776.30			△	
33	中华鳑鲏	2 306	30.43	10	50	3 235.9	1.98	1.40	0.3—25.0	2.8—62.0	1 620.34			△	
34	大鳍鱊	490	6.47	12	60	5 103.5	3.12	10.42	1.0—40.6	6.4—130.0	575.00			△	
35	短须鱊	1	0.01	1	5	22.6	0.01	22.60	22.6—22.6	9.5—9.5	0.14	※			
36	兴凯鱊	61	0.80	9	45	834.4	0.51	13.68	3.6—50.7	5.0—120.0	59.16				
37	草鱼	19	0.25	5	25	8 768.2	5.36	461.48	16.3—2 250.0	14.2—500.0	140.16				√
38	麦瑞加拉鲮	1	0.01	1	5	192.2	0.12	192.20	192.2—192.2	22.0—22.0	0.65	○			
39	双斑副沙鳅	7	0.09	3	15	252.6	0.15	36.09	19.2—46.1	13.9—159.0	3.70	※	☆		
40	乌鳢	6	0.08	4	20	113.0	0.07	18.83	2.4—86.5	18.5—83.0	2.96				
41	小黄黝鱼	3	0.04	2	10	4.5	0.00	1.50	0.5—2.9	30.0—46.0	0.42	※			
42	波氏吻虾虎鱼	4	0.05	1	5	7.1	0.00	1.78	0.4—3.0	4.9—56.0	0.29	※			
43	子陵吻虾虎鱼	59	0.78	15	75	126	0.08	2.14	0.3—6.9	3.3—75.0	64.16				
44	大鳍鳠	4	0.05	1	5	535.9	0.33	133.98	28.4—325.4	14.0—33.1	1.90	※			
45	黄颡鱼	71	0.94	14	70	1 938.5	1.18	27.30	1.1—222.0	4.1—189.0	148.47				√
46	瓦氏黄颡鱼	4	0.05	3	15	257.0	0.16	64.25	15—178.7	73.0—182.0	3.15				
47	长须拟鲿	2	0.03	1	5	58.5	0.04	29.25	19.2—39.3	9.4—12.2	0.31	※			
48	短尾拟鲿	5	0.07	1	5	388.7	0.24	77.74	48.5—152.2	145.0—197.0	1.52	※			
49	钝吻拟鲿	20	0.26	9	45	941.9	0.58	47.10	6.9—292.4	20.5—263.0	37.77	※			
50	鲇	11	0.15	5	25	886.7	0.54	80.61	0.6—209.3	19.8—186.0	17.17				
总计		该区域该时段调查到中国特有种19种，长江特有种5种，优势种7种，常见种9种，外来种2种。													

备注:“※”指中国特有鱼类,“○”代表外来种,“☆”指长江上游特有鱼类,“△”代表优势种,“√”代表常见种。

附表3 各监测位点不同季节渔获物的鱼类名录及渔获物量

样点号	监测点名称	秋季(10月)			冬季(1月)			春季(4月)			夏季(7月)		
		物种数量/种	渔获物数量/尾	渔获物质量/g	物种数量/种	渔获物数量/尾	渔获物质量/g	物种数量/种	渔获物数量/尾	渔获物质量/g	物种数量/种	渔获物数量/尾	渔获物质量/g
D01	梁平城区	7	398	3 152.2	10	174	1 711.7	11	73	354.1	2	3	26.2
D02	和林镇	7	31	1 101.1	6	19	904.7	4	12	1 087.1	5	38	921.5
D03	川西河	3	5	285.8	2	15	337.5	6	20	403.7	3	3	37.9
D04	七涧河	3	14	457.3	5	9	324.8	8	53	319.5	4	36	492.9
D05	普顺镇	4	28	898.3	7	94	8 538.3	8	34	889.2	11	143	7 394.6
D06	永安镇	8	33	6 572.2	5	9	286.2	5	7	190.2	11	87	3 300.2
D07	高峰镇	6	17	680.7	3	33	117.9	7	51	787.3	5	15	251.8
D08	垫江六剑滩	7	15	726.6	7	163	5 632.3	3	23	418.9	11	56	2 897.9
D09	大沙河(杠家镇)	8	62	355.2	11	32	894.3	0	0	0	5	56	330.2
D10	大沙河(砚台镇)	15	39	2 659.7	7	124	1 630.5	5	65	2 358.9	8	120	3 795.8
D11	大石中桥	12	120	10 340.5	8	23	2 044.0	3	30	691.7	8	66	1 062.1
D12	卧龙河(太平镇)	4	26	290.2	7	59	3552.3	7	111	1 111.8	7	59	187.1
D13	桂溪河	3	15	235.5	1	22	163.8	10	63	1 478.4	10	394	1 104.0
D14	回龙河(大河桥)	4	8	336.2	3	7	501.8	8	32	255.3	9	138	832.6
D15	石堰镇(长寿湖入口)	7	17	3 826.0	0	0	0	3	19	562.3	10	201	12 098.9
D16	长寿湖湖心	15	94	3 760.2	7	65	2 187.4	18	299	10 230.7	8	168	5 883.6
D17	但渡镇(运输桥)	14	51	2 256.7	13	45	23 553.2	8	41	1 132.2	1	1	42.3
D18	打渔溪(海棠镇)	4	1 157	728.6	2	995	1 886.1	5	8	18.3	6	60	836.0
D19	焦家河	4	72	341.2	2	716	4 349.8	6	23	200.1	3	13	18.3
D20	打鱼河支流	6	45	124.1	4	10	179.9	3	18	770.5	4	78	1 015.2
合计		39	2 247	39 128.3	32	2 614	58 796.5	32	982	23 260.2	32	1735	42 529.1

附表4　鱼类名录及各点位分布情况

序号	物种	位点分布数量																				
		D1	D2	D3	D4	D5	D6	D7	D8	D9	D10	D11	D12	D13	D14	D15	D16	D17	D18	D19	D20	总计
1	食蚊鱼	1																	2			3
2	大鳞副泥鳅																2					2
3	泥鳅	1		2										1			1	1				6
4	鳊																6					6
5	达氏鲌											10										10
6	蒙古鲌											14				6	2	1				23
7	翘嘴鲌	1	5			32	5		2		5	12	1			4	5	1				73
8	贝氏鳘		3								21					27	103					154
9	鳘		15		3	36	7	9	27	9	64	80		34	10	11	147	1	7	3	71	534
10	张氏鳘	3	12			50	2				1	3	31	22	5	3	2	9		2		145
11	厚颌鲂															6						6
12	团头鲂																27					27
13	黑尾近红鲌															2	1				1	4
14	飘鱼																30	4				34
15	似鳊						62	3	164		43		4			218	22	1				517
16	红鳍原鲌	1				2	1		4	7	20	1		1	5	8	4			2	7	63
17	马口鱼									6			3		1							10
18	黄尾鲴																	7				7
19	圆吻鲴								1								1	17				19
20	棒花鱼	12		1	1					3	4		1	1	2						5	30
21	花䱻	5			3		2	2	2				1					2				17
22	麦穗鱼	192	3		3	1		9	9	4		6	32	225	10		6		11	793	25	1 329
23	黑鳍鳈		1		7	3	1		4	7	6	2	2		1		16	3				53
24	华鳈				5	121	15	21	8		14	7	17			2	17	33				260
25	蛇鮈																	2				2

附表4　鱼类名录及各点位分布情况(续)

序号	物种	位点分布数量																				
		D1	D2	D3	D4	D5	D6	D7	D8	D9	D10	D11	D12	D13	D14	D15	D16	D17	D18	D19	D20	总计
26	点纹银鮈	15	13		12	16	1	11	6	29		1	21	18	4						5	152
27	银鮈			4				7	2		1		5	3			11	3				36
28	鲫	32	16	25	11	9	13	2	5	3	5	30	3	28	7		28	2	9		3	231
29	鲤	1									1	9				2	2					15
30	鲢		1		1	12	1				1	7					5			2		30
31	鳙											26				5	15					46
32	高体鳑鲏	97	8	2	30	3	12	24		47	3	3	112	142	123				33	11	10	660
33	中华鳑鲏	91	19		25		3	18		2					1				2 144	2	1	2 306
34	大鳍鱊	170	2	1	5		1		11	6	141	6		10			134	3				490
35	短须鱊									1												1
36	兴凯鱊	10			3		1	4	4	13	10	15						1				61
37	草鱼	1					4				5	7					2					19
38	麦瑞加拉鲮																1					1
39	双斑副沙鳅					5	1											1				7
40	乌鳢							2	1				1			2						6
41	小黄黝鱼													1							2	3
42	波氏吻虾虎鱼														4							4
43	子陵吻虾虎鱼	2			1	6	1	3		7	1		1	2	7	1		1	2	9	15	59
44	大鳍鳠												4									4
45	黄颡鱼	13	2	6	2	2	1		1	3				5	4	3	13		10		6	71
46	瓦氏黄颡鱼			1												2	1					4
47	长须拟鲿																2					2
48	短尾拟鲿								5													5
49	钝吻拟鲿			1		1	2	1	1	2	1		10	1								20
50	鲇									1	1		6		1				2			11
总计		648	100	43	112	299	136	116	257	150	348	239	255	494	185	302	606	93	2 220	824	151	7 578

附表5 龙溪河流域大型底栖动物分布

序号	物种	分布情况																			
		D1	D2	D3	D4	D5	D6	D7	D8	D9	D10	D11	D12	D13	D14	D15	D16	D17	D18	D19	D20
1	真开氏摇蚊	√	√	√	√	√	√	√	√	√	√	√	√				√		√	√	√
2	多足摇蚊	√	√	√		√	√	√	√	√		√	√	√		√	√	√		√	√
3	隐摇蚊					√	√			√		√				√			√		√
4	粗腹摇蚊																√				
5	纳塔摇蚊							√		√			√				√	√		√	
6	蠓									√											
7	长跗摇蚊												√				√				
8	雕翅摇蚊																√	√	√		
9	二叉摇蚊											√							√	√	
10	长足摇蚊						√														√
11	枝长跗摇蚊						√			√											
12	摇蚊			√			√		√					√					√		
13	尼罗长足摇蚊																			√	
14	直突摇蚊																				√
15	环足摇蚊	√		√					√												
16	枝角摇蚊																√				
17	菱跗摇蚊		√																		
18	按蚊			√	√																√
19	水虻			√																	
20	假二翅蜉	√	√	√	√			√	√		√		√		√					√	
21	韦氏四节蜉										√		√								
22	似宽基蜉							√		√			√								
23	蜉蝣				√			√				√	√							√	
24	动蜉					√		√		√			√	√					√	√	
25	细蜉			√	√	√	√	√	√	√	√		√					√		√	

附表5 龙溪河流域大型底栖动物分布(续)

序号	物种	分布情况																			
		D1	D2	D3	D4	D5	D6	D7	D8	D9	D10	D11	D12	D13	D14	D15	D16	D17	D18	D19	D20
26	天角蜉							√													
27	黑四节蜉												√								
28	短丝蜉											√									
29	*Pseudocentroptilum* sp.		√	√	√	√	√	√	√	√		√		√	√			√		√	
30	短丝蜉													√							
31	纹石蛾							√					√								
32	径石蛾							√													
33	钩翅石蛾												√								
34	狭溪泥甲	√				√		√					√							√	
35	苍白牙甲			√																	
36	龙虱	√		√	√	√	√		√			√									√
37	粒龙虱亚		√						√												
38	大伪蜻			√	√																
39	扇蟌	√	√	√	√						√	√			√				√		√
40	红眼蟌	√		√	√				√												
41	星齿蛉					√							√								
42	日本三角涡虫							√		√				√							
43	椭圆萝卜螺		√									√			√				√		√
44	赤豆螺		√				√									√					
45	铜锈环棱螺		√	√	√	√		√	√	√	√	√	√	√	√	√	√	√	√	√	√
46	环棱螺		√						√			√		√	√	√			√		
47	中华圆田螺									√											
48	光滑狭口螺				√						√										
49	福寿螺		√												√						√
50	河蚬					√		√		√			√								
51	淡水壳菜					√		√													

附表5　龙溪河流域大型底栖动物分布（续）

序号	物种	分布情况																			
		D1	D2	D3	D4	D5	D6	D7	D8	D9	D10	D11	D12	D13	D14	D15	D16	D17	D18	D19	D20
52	卵萝卜螺		√																		
53	耳萝卜螺		√	√	√				√	√	√				√						√
54	苏氏尾鳃蚓						√			√	√		√			√		√		√	
55	水丝蚓	√	√	√			√	√	√	√	√	√	√	√	√		√	√	√	√	√
56	宁静泽蛭			√				√												√	
57	拟扁蛭							√								√					
58	舌蛭																		√		
59	泽蛭																		√		
60	锯齿新米虾	√	√	√		√					√	√			√			√		√	
61	锯齿华溪蟹												√	√							
62	背角无齿蚌			√													√				
63	圆顶珠蚌							√													
64	克氏原螯虾														√						
65	淡水钩虾						√														

附表6 龙溪河流域大型底栖动物名录及分布

大型底栖动物名录	分布						
	子流域1	子流域2	子流域3	子流域4	子流域5	子流域6	子流域7
一、扁形动物门 Platyhelminthes							
(一)涡虫纲 Turbellaria							
1.三角涡虫科 Dugesiidae							
(1)日本三角涡虫 *Dugesia japonica*			+		+		
二、环节动物门 Annelida							
(二)寡毛纲 Oligochaeta							
2.颤蚓科 Tubificidae							
(2)苏氏尾鳃蚓 *Branchiura sowerbyi*			+	+	+		+
(3)水丝蚓属 *Limnodrilus* sp.	+		+	+	+	+	+
(三)蛭纲 Hirudinea							
3.舌蛭科 Glossiphoniidae							
(4)宁静泽蛭 *Helobdella stagnalis*	+		+				+
(5)拟扁蛭属 *Hemiclepsis* sp.				+	+		
(6)舌蛭科某种 *Glossiphoniidae* sp.					+	+	+
(7)泽蛭属 *Helobdella* sp.					+	+	
三、软体动物门 Mollusca							
(四)腹足纲 Gastropoda							
4.椎实螺科 Lymnaeidae							
(8)椭圆萝卜螺 *Radix swinhoei*			+	+	+	+	
(9)卵萝卜螺 *Radix ovata*	+	+	+		+	+	
5.狭口螺科 Stenothyridae							
(10)光滑狭口螺 *Stenothyra glabra*		+	+		+		
6.豆螺科 Bithyniidae							
(11)赤豆螺 *Bithynia fuchsiana*			+				
7.田螺科 Viviparidae							

附表6　龙溪河流域大型底栖动物名录及分布(续)

大型底栖动物名录	分布						
	子流域1	子流域2	子流域3	子流域4	子流域5	子流域6	子流域7
(12)铜锈环棱螺 *Bellamya aeruginosa*		+	+	+	+	+	+
(13)环棱螺属 *Bellamya* sp.		+	+	+	+	+	
(14)中华圆田螺 *Cipangopaludina cathayensis*					+		
8.瓶螺科 Aillpullaridae							
(15)福寿螺 *Pomacea canaliculata*		+				+	
(五)瓣鳃纲 Lamellibranchia							
9.蚬科 Corbiculidae							
(16)河蚬 *Corbicula fluminea*			+	+	+		
10.贻贝科 Mytilidae							
(17)淡水壳菜 *Limnoperna lacustris*			+				
11.蚌科 Unionidae							
(18)背角无齿蚌 *Anodonta woodiana*		+					
(19)圆顶珠蚌 *Unio douglasiae*			+				
四、节肢动物门 Arthropoda							
(六)甲壳纲 Crustacea							
12.匙指虾科 Atyidae							
(20)锯齿新米虾 *Neocaridina denticulata*	+	+	+		+		+
13.溪蟹科 Potamidae							
(21)锯齿华溪蟹 *Sinopotamkon denticulatum*				+			
14.螯虾科 Cambaridae							
(22)克氏原螯虾 *Procambarus clarkii*						+	
15.钩虾科 Gammaridae							
(23)淡水钩虾 *Gammarus*	+						
(七)昆虫纲 Isecta							
16.大蚊科 Tipulidae							
(24)朝大蚊属 *Antocha* sp.							+

附表6　龙溪河流域大型底栖动物名录及分布(续)

大型底栖动物名录	分布						
	子流域1	子流域2	子流域3	子流域4	子流域5	子流域6	子流域7
17.摇蚊科 Chironomidae							
(25)纳塔摇蚊属 *Natarsia* sp.			+	+	+		+
(26)真开氏摇蚊属 *Eukiefferiella* sp.	+	+	+	+	+	+	+
(27)多足摇蚊属 *Polypedilum* sp.	+		+	+	+		+
(28)尼罗长足摇蚊属 *Nilotanypus* sp.							+
(29)摇蚊属 *Chironomus* sp.	+		+	+	+	+	
(30)枝长跗摇蚊属 *Cladotanytarsus* sp.			+		+		
(31)菱跗摇蚊属 *Clinotanypus* sp.		+					
(32)隐摇蚊属 *Cryptochironomus* sp.			+	+	+	+	
(33)二叉摇蚊属 *Dicrotendipes* sp.					+	+	+
(34)粗腹摇蚊属 *Pelopia* sp.						+	
(35)长跗摇蚊属 *Tanytarsus* sp.				+			
(36)枝角摇蚊属 *Cladopelma* sp.						+	
(37)环足摇蚊属 *Cricotopus* sp.	+						
(38)直突摇蚊属 *Orthocladius* sp.						+	
(39)雕翅摇蚊属 *Glyptotendipes* sp.					+	+	+
(40)长足摇蚊属 *Tanypus* sp.			+			+	
18.蚊科 Culicidae							
(41)按蚊属 *Anopheles* sp.	+	+	+			+	
19.水虻科 Stratiomyidae							
(42)水虻科某种	+		+				
20.蠓科 Ceratopogonidae							
(43)蠓科某种					+		
21.四节蜉科 Baetidae							
(44)假二翅蜉属 *Pseudocloeon* sp.	+	+	+	+	+		+
(45)韦氏四节蜉 *Acentrella* sp.			+	+	+		

附表6　龙溪河流域大型底栖动物名录及分布(续)

大型底栖动物名录	分布						
	子流域1	子流域2	子流域3	子流域4	子流域5	子流域6	子流域7
(46)黑四节蜉属 *Nigrobaetis* sp.				+			
(47)假刺翅蜉属 *Pseudocentroptilum* sp.	+	+	+	+	+	+	+
22. 蜉蝣科 Ephemeridae							
(48)蜉蝣属 *Ephemera* sp.		+	+	+		+	+
23. 小蜉科 Ephemerellidae							
(49)天角蜉属 *Uracanthella* sp.				+			
24. 细裳蜉科 Leptophlebiidae							
(50)似宽基蜉属 *Choroterpides* sp.				+			
25. 扁蜉科 Heptageniidae							
(51)动蜉属 *Cinygma* sp.			+	+	+	+	+
26. 短丝蜉科 Siphlonuridae							
(52)短丝蜉属 *Siphluriscus* sp.				+		+	
(53)短丝蜉科某种				+			
27. 细蜉科 Caenidae							
(54)细蜉属 *Caenis* sp.		+	+	+	+		+
28. 纹石蛾科 Hydropsychidae							
(55)纹石蛾属 *Hydropsyche* sp.				+			
29. 钩翅石蛾科 Helicopsychidae							
(56)钩翅石蛾科某种				+			
30. 径石蛾科 Ecnomidae							
(57)径石蛾科某种				+			
31. 长角泥甲科 Elmidae							
(58)狭溪泥甲属 *Stenelmis* sp.			+	+			
32. 水龟虫科 Hydrophilidae							
(59)苍白牙甲属 *Enochrus* sp.	+		+				
33. 龙虱科 Dytiscidae							

附表6　龙溪河流域大型底栖动物名录及分布(续)

大型底栖动物名录	分布						
	子流域1	子流域2	子流域3	子流域4	子流域5	子流域6	子流域7
(60)龙虱科某种	+	+	+	+	+	+	
(61)粒龙虱亚科(Laccophilinae)某种		+			+		
34. 伪蜻科 Corduliidae							
(62)大伪蜻属 *Genus Macromia* sp.		+	+				
35. 扇蟌科 Platycnemididae							
(63)扇蟌属 *Platycnemis* sp.	+	+	+	+	+	+	
36. 细蟌科 Coenagrionidae							
(64)红眼蟌属 *Erythromma* sp.	+						
37. 齿蛉科 Corydalidae							
(65)星齿蛉属 *Protohermes* sp.			+	+			
合计	17	18	35	32	31	25	18

附表7 浮游动物名录及分布

浮游动物名录	监测点位																			
	D1	D2	D3	D4	D5	D6	D7	D8	D9	D10	D11	D12	D13	D14	D15	D16	D17	D18	D19	D20
原生动物门 Protozoa																				
一、根足纲 Rhizopodea																				
（一）表壳虫目 Arcellinida																				
1. 表壳科 Arcellidae																				
（1）表壳虫属 *Arcella*																				
普通表壳虫 *A.vulgaris*	√		√				√				√	√	√		√		√	√	√	√
2. 梨壳科 Nebelidae																				
（2）梨壳虫属 *Nebela*																				
梨壳虫 *Nebela* sp.												√								
齿口梨壳虫 *N.dentistoma*								√	√											
颈梨壳虫 *N. collaris*																		√		
胡梨壳虫 *N.barbata*																√				
3. 砂壳科 Difflugiidae																				
（3）砂壳虫属 *Difflugia*																				
褐砂壳虫 *D.avellana*	√	√	√	√	√	√	√	√	√	√	√	√	√	√	√	√		√	√	√
球形砂壳虫 *D.globulosa*	√	√	√	√		√		√	√	√	√	√		√	√	√	√	√	√	√
尖顶砂壳虫 *D.acuminata*			√	√	√						√	√	√	√	√	√		√		√
壶形砂壳虫 *D.lebes*								√										√		
乳头砂壳虫 *D.mammillaris*											√			√			√			√
瓶砂壳虫 *D.urceolata*			√			√		√	√			√					√			
冠砂壳虫 *D.corona*			√						√											
叉口砂壳虫 *D.gramen*		√						√				√		√						
砂壳虫 *Difflugia*	√		√		√	√		√	√	√	√				√			√	√	√
长圆砂壳虫 *D.oblonga*																√		√		
藻砂壳虫 *D.bacillarum*								√												

附表7 浮游动物名录及分布(续)

浮游动物名录	监测点位																			
	D1	D2	D3	D4	D5	D6	D7	D8	D9	D10	D11	D12	D13	D14	D15	D16	D17	D18	D19	D20
(4)匣壳虫属 *Centropyxis*																				
针棘匣壳虫 *C.aculeata*	√	√	√	√		√			√		√	√	√	√		√		√	√	√
大针棘匣壳虫 *C.aculeatagrandis*		√	√	√					√		√	√					√	√	√	√
长圆针棘匣壳虫 *C.aculeata oblonga*			√									√				√		√	√	√
小长圆针棘匣壳虫 C.aculeata oblonga f.minor			√		√															
匣壳虫 *Centropyxis* sp.	√	√	√				√	√	√	√	√		√		√		√	√		
(5)葫芦虫属 *Cucurbitella*																				
杂葫芦虫 *C.mespiliformis*								√												
瓜形虫 *Cucurbitella* sp.								√									√			
(二)太阳虫目 Heliozoa																				
4.太阳虫科 Actinophryidae																				
(6)太阳虫属 *Actinophrys*																				
太阳虫 *Actinophrys* sp.			√																	
放射太阳虫 *A.sol*											√									
(7)刺胞虫属 *Acanthocystis*																				
刺胞虫 *Acanthocystis* sp.				√	√		√			√	√	√			√			√	√	
二、纤毛纲 *Ciliata*																				
(三)膜口目 Hymenostomatida																				
5.草履虫科 Parameciidae																				
(8)草履虫属 *Paramecium*																				
草履虫 *Paramecium* sp.																				
(9)大草履虫属 *Paramecium*																				
大草履虫 *P.caudatum*			√	√	√				√	√	√	√			√			√		√
(四)缘毛目 Peritrichida																				
6.钟形科 Vorticellidae																				
(10)钟虫属 *Vorticella*																				

附表7　浮游动物名录及分布(续)

浮游动物名录	监测点位																			
	D1	D2	D3	D4	D5	D6	D7	D8	D9	D10	D11	D12	D13	D14	D15	D16	D17	D18	D19	D20
点钟虫 *V.picta*										√								√		
钟虫 *Vorticella* sp.	√		√		√	√		√			√		√			√		√	√	√
钟形钟虫 *V.campanula*	√	√		√	√		√			√		√	√	√	√	√	√	√	√	√
(11)聚缩虫属 *Zoothamnium*																				
树状缩聚虫 *Z.arbuscula*	√																			
(12)累枝虫属 *Epistylis*																				
累枝虫 *Epistylis* sp.		√																		
(五)下毛目 Hypotrichida																				
7.游仆科 Euplotidae																				
(13)游仆虫属 *Euplotes*																				
土生游仆虫 *E.terricola*					√															
(六)管口目 Cyrtophorida																				
8.舟形科 Lembadionidae																				
(14)舟形虫属 *Lembadion*																				
光明舟形虫 *L.lucens*			√																	
(七)砂壳目 Tintinnida																				
9.铃壳科 Codonellidae																				
(15)似铃壳虫属 *Tintinnopsis*																				
杯形拟铃壳虫 *T.cratera*												√				√	√			
椎形似铃壳虫 *T.conicus*																	√			
王氏似铃壳虫 *T.wangi*												√				√	√			
中华似铃壳虫 *T.sinensis*												√					√			
雷殿似铃壳虫 *T.leidyi*										√					√	√				
长筒似铃壳虫 *T.longus*							√			√	√							√		√
似铃壳虫 *Tintinnopsis* sp.				√		√				√						√	√			

附表7　浮游动物名录及分布(续)

浮游动物名录	监测点位																			
	D1	D2	D3	D4	D5	D6	D7	D8	D9	D10	D11	D12	D13	D14	D15	D16	D17	D18	D19	D20
轮虫动物门 *Rotifera*																				
三、轮虫纲 Rotifera																				
(八)双巢目 Digononta																				
10.旋轮科 Philodinidae																				
(16)轮虫属 *Rotaria*																				
转轮虫 *R.rotatoria*	√		√					√										√		
橘色轮虫 *R.citrina*	√	√	√	√	√	√		√		√	√	√	√	√		√	√	√	√	√
长足轮虫 *R.neptunia*																				√
(17)粗颈轮属 *Macrotrachela*																				
褶皱粗颈轮虫 *M.plicata*						√														
(18)旋轮属 *Philodina*																				
橘色旋轮虫 *P.citrina*							√													
11.镜轮科 Testudinellidae																				
(19)三肢轮属 *Filinia*																				
长三肢轮虫 *F.longiseta*					√		√	√		√					√		√			
迈氏三肢轮虫 *F.maior*							√	√							√				√	√
(20)镜轮属 *Testudinella*																				
盘镜轮虫 *T.patina*	√																	√		
(九)单巢目 Monogononta																				
12.臂尾轮科 Brachionidae																				
(21)狭甲轮属 *Colurella*																				
爱德里亚狭甲轮虫 *C.adriatica*			√											√						
钝角狭甲轮虫 *C.obtusa*	√																			√
(22)鞍甲轮属 *Lepadella*																				
盘状鞍甲轮虫 *L.patella*											√									√
半圆鞍甲轮虫 *L.apsida*																				√

附表7　浮游动物名录及分布(续)

浮游动物名录	监测点位																			
	D1	D2	D3	D4	D5	D6	D7	D8	D9	D10	D11	D12	D13	D14	D15	D16	D17	D18	D19	D20
(23)鬼轮属 *Trichotria*																				
方块鬼轮虫 *T.tetractis*	√	√	√	√	√						√				√			√		√
(24)臂尾轮属 *Brachionus*																				
剪形臂尾轮虫 *B.forficula*	√	√	√		√	√		√		√	√		√	√	√	√	√	√	√	√
镰状臂尾轮虫 *B.falcatus*		√	√		√	√		√					√						√	
萼花臂尾轮虫 *B.calyciflorus*	√	√	√		√		√				√		√	√	√	√	√	√		√
角突臂尾轮虫 *B.angularis*	√	√	√	√	√	√	√	√	√	√	√	√	√	√	√	√	√	√	√	√
蒲达臂尾轮虫 *B.budapestiensis*	√	√	√			√	√	√			√		√		√	√	√		√	√
花篋臂尾轮虫 *B.capsuliflorus*		√		√	√	√					√		√	√	√				√	
方形臂尾轮虫 *B.quadridentatus*							√													√
尾突臂尾轮虫 *B.caudatus*	√	√			√		√	√						√	√			√		√
皱褶臂尾轮虫 *B.plicatilis*	√				√	√	√					√	√						√	√
裂足臂尾轮虫 *B.diversicornis*	√				√			√		√	√				√		√	√	√	√
壶状臂尾轮虫 *B.urceus*	√	√		√	√			√		√	√		√		√	√		√	√	√
(25)平甲轮属 *Platyias*																				
四角平甲轮虫 *P.quadricornis*											√						√			
十指平甲轮虫 *P.militaris*											√									
(26)龟甲轮属 *Keratella*																				
曲腿龟甲轮虫 *K.valga*	√	√		√	√		√	√		√		√			√	√	√	√	√	√
螺形龟甲轮虫 *K.cochlearis*		√		√	√	√	√	√				√				√	√		√	√
矩形龟甲轮虫 *K.quadrata*								√		√	√					√				
(27)叶轮虫属 *Notholca*																				
唇形叶轮虫 *N.labis*			√						√		√									
(28)棘管轮属 *Mytilina*																				
腹棘管轮虫 *M.ventralis*								√								√	√			
剑头棘管轮虫 *M.mucronata*			√							√	√							√		√

附表7　浮游动物名录及分布(续)

浮游动物名录	监测点位																			
	D1	D2	D3	D4	D5	D6	D7	D8	D9	D10	D11	D12	D13	D14	D15	D16	D17	D18	D19	D20
(29)须足轮属 *Euchlanis*																				
大肚须足轮虫 *E.dilatata*													√							
透明须足轮虫 *E.pellucida*	√	√	√																	
须足轮虫 *Euchlanis* sp.											√			√						
(30)皱甲轮属 *Ploesoma*																				
截头皱甲轮虫 *P.truncatum*					√															
13.腔轮科 Lecanidae																				
(31)腔轮属 *Lecane*																				
月形腔轮虫 *L.luna*	√														√	√				
瘤甲腔轮虫 *L.nodosa*															√					
蹄形腔轮虫 *L.ungulate*	√	√					√	√			√	√								
弯角腔轮虫 *L.curvicornis*				√													√		√	
腔轮虫 *Lecane* sp.													√						√	
(32)单趾轮属 *Monostyla*																				
囊形单趾轮虫 *M.bulla*	√	√			√							√				√		√	√	
月形单趾轮虫 *M.lunaris*				√												√				
史氏单趾轮虫 *M.stenroosi*																		√		
爪趾单趾轮虫 *M.unguitata*																		√		
单趾轮 *Monostyla* sp.								√												
14.鼠轮科 Trichocercidae																				
(33)同尾轮属 *Diurella*																				
对棘同尾轮虫 *D.stylata*					√			√			√					√	√			√
韦氏同尾轮虫 *D.weberi*		√									√									
田奈同尾轮虫 *D.dixonnuttalli*					√															
(34)异尾轮属 *Trichocerca*																				
长刺异尾轮虫 *T.longiseta*					√		√		√	√		√			√				√	

附表7 浮游动物名录及分布(续)

浮游动物名录	监测点位																			
	D1	D2	D3	D4	D5	D6	D7	D8	D9	D10	D11	D12	D13	D14	D15	D16	D17	D18	D19	D20
等刺异尾轮虫 *T.similis*																				
冠饰异尾轮虫 *T.lophoessa*					√					√	√				√	√	√	√	√	√
异尾轮虫 *Trichocerca* sp.		√	√		√						√							√	√	√
15.椎轮科 Notommatidae																				
(35)巨头轮属 *Cephalodella*																				
小巨头轮虫 *C.exigna*			√					√			√				√	√				√
小链巨头轮虫 *C.catellina*												√	√							
(36)水轮属 *Epiphanes*																				
水轮 *Epiphanes* sp.						√				√										
(37)无柄轮属 *Ascomorpha*																				
舞跃无柄轮虫 *A.saltans*		√	√					√		√		√			√	√	√		√	
(38)椎轮属 *Notommata*																				
耳叉椎轮虫 *N.aurita*		√		√	√								√		√					√
(39)间足轮属 *Metadiaschiza*																				
三角间足轮虫 *M.trigona*																		√		
(40)柱头轮虫属 *Eosphora*																				
柱头轮虫 *Eosphora* sp.								√												
16.疣毛轮科 Synchaetidae																				
(41)多肢轮属 *Polyarthra*																				
针簇多肢轮虫 *P.trigla*		√	√	√	√	√	√	√	√	√	√	√	√		√	√	√	√	√	√
真翅多肢轮虫 *P.euryptera*								√							√			√		√
17.晶囊轮科 Asplanchnidae																				
(42)晶囊轮属 *Asplanchna*																				
前节晶囊轮虫 *A.priodonta*							√	√		√	√	√			√	√			√	√
晶囊轮虫 *Asplanchna* sp.		√			√			√			√			√	√		√	√	√	

附表7 浮游动物名录及分布(续)

浮游动物名录	监测点位																			
	D1	D2	D3	D4	D5	D6	D7	D8	D9	D10	D11	D12	D13	D14	D15	D16	D17	D18	D19	D20
(43)巨腕轮属 *Pedalia*																				
奇异巨腕轮虫 *P.mira*			√			√	√	√		√		√			√	√		√	√	√
18.腹尾轮科 *Gastropodidae*																				
(44)腹尾轮属 *Gastropus*																				
腹足腹尾轮虫 *G.hyptopus*				√											√	√				
(45)聚花轮属 *Conochilus*																				
独角聚花轮 *C.unicornis*	√	√								√	√									
节肢动物门 *Arthropoda*																				
四、甲壳纲 Crustacea																				
(十)双甲目 Diplostraca																				
19.薄皮溞科 Leptodoridae																				
(46)薄皮溞属 *Leptodora*																				
透明薄皮溞 *L.kindti*										√	√									√
20.溞科 Daphniidae																				
(47)秀体溞属 *Diaphanosoma*																				
长肢秀体溞 *D.leuchtenbergianum*		√	√		√		√			√	√				√	√			√	√
缺刺秀体溞 *D.aspinosum*																				
短尾秀体溞 *D.brachyurum*															√					√
寡刺秀体溞 *D.paucispinosum*		√	√																	
(48)溞属 *Daphnia*																				
透明溞 *D.hyalina*	√						√			√						√	√			
大型溞 *D.magna*							√													
溞 *Daphnia* sp.										√					√					
长刺溞 *D.longispina*										√										
(49)网纹溞属 *Ceriodaphnia*																				
方形网纹溞 *C.quadrangula*			√		√		√				√		√							

附表7 浮游动物名录及分布(续)

浮游动物名录	监测点位																			
	D1	D2	D3	D4	D5	D6	D7	D8	D9	D10	D11	D12	D13	D14	D15	D16	D17	D18	D19	D20
21. 盘肠溞科 Chydoridae																				
(50)尖额溞属 *Alona*																				
方形尖额溞 *A.quadrangularis*							√				√									√
尖额溞 *Alona* sp.			√																	
近亲尖额溞 *A.affinis*	√				√					√		√		√						√
秀体尖额溞 *A.diaphana*								√												
(51)盘肠溞属 *Chydorus*																				
卵形盘肠溞 *C.ovalis*			√					√												
(52)船卵溞属 *Scapholeberis*																				
平突船卵溞 *S.mucronata*								√												
船卵溞 *Scapholeberis* sp.																	√			
(53)弯尾溞属 *Camptocercus*																				
直额弯尾溞 *C.rectirostris*										√										
弯尾溞 *Camptocercus* sp.								√									√			
22. 裸腹溞科 Moindae																				
(54)拟裸腹溞属 *Moinodaphnia*																				
双态拟裸腹溞 *M.macheayii*								√												
23. 象鼻溞科 Bosminidae																				
(55)象鼻溞属 *Bosmina*																				√
长额象鼻溞 *B.longirostris*			√			√		√		√		√				√	√			
简弧象鼻溞 *B.coregoni*					√			√									√			
(56)低额溞属 *Simocephalus*																				
低额溞 *Simocephalus* sp.																		√		
24. 大眼溞科 Polyphemidae																				
(57)大眼溞属 *Polyphemus*																				
虱形大眼溞 *P.pediculus*			√																	

附表7 浮游动物名录及分布(续)

浮游动物名录	监测点位																			
	D1	D2	D3	D4	D5	D6	D7	D8	D9	D10	D11	D12	D13	D14	D15	D16	D17	D18	D19	D20
(十一)剑水蚤目 Cyclopoida																				
25.剑水蚤科 Cyclopidae																				
(58)剑水蚤属 *Cyclops*																				
近邻剑水蚤 *C.vicinus*	√		√				√	√		√				√	√	√	√		√	
剑水蚤 *Cyclops* sp.										√										
(59)拟剑水蚤属 *Paracyclops*																				
近亲拟剑水蚤 *P.affinis*	√	√				√	√	√		√	√	√			√	√	√	√	√	√
(60)小剑水蚤属 *Microcyclops*																				
跨立小剑水蚤 *M.varicans*	√	√					√	√		√	√				√	√	√	√	√	
(61)近剑水蚤属 *Tropocyclops*																				
泽西近剑水蚤 *T.jerseyensis*																			√	
(62)窄腹剑水蚤属 *Limnoithona*																				
中华窄腹剑水蚤 *L.sinensis*	√																	√		
(63)温剑水蚤属 *Thermocyclops*																				
等刺温剑水蚤 *T.kawamurai*											√									
(64)中剑水蚤属 *Mesocyclops*																				
广布中剑水蚤 *M.leuckarti*										√						√	√			
(65)真剑水蚤属 *Eucyclops*																				
如愿真剑水蚤 *E.speratus*	√		√					√												
(十二)哲水蚤目 Calanoida																				
26.镖水蚤科 Diaptomidae																				
(66)近镖水蚤属 *Tropodiaptomus*																				
米粒近镖水蚤 *T.oryzanus*														√		√			√	
(67)荡镖水蚤属 *Neutrodiaptomus*																				
腹突荡镖水蚤 *N.genogibbosus*										√	√						√		√	

附表7 浮游动物名录及分布(续)

浮游动物名录	监测点位																			
	D1	D2	D3	D4	D5	D6	D7	D8	D9	D10	D11	D12	D13	D14	D15	D16	D17	D18	D19	D20
27.胸刺水蚤科 Centropagidae																				
(68)华哲水蚤属 *Sinocalanus*																				
汤匙华哲水蚤 *S.dorrii*			√												√					
28.伪镖水蚤科 Pseudodiaptomidae																				
(69)许水蚤属 *Schmackeria*																				
指状许水蚤 *S.inopinus*											√					√				
(十三)猛水蚤目 Harpacticoida																				
29.短角猛水蚤科 Cletodidae																				
(70)湖角猛水蚤属 *Limnocletodes*																				
鱼饵湖角猛水蚤 *L.behningi*	√	√		√																
湖角猛水蚤幼体 *Limnocletodes*								√		√										
其他浮游动物																				
无节幼体 *nauplius*	√	√	√	√	√		√	√	√	√	√	√	√	√	√	√	√	√	√	√

附表8　浮游藻类名录及分布

浮游藻类名录	流域及采样点																			
	流域1		流域2		流域3				流域4		流域5					流域6			流域7	
	D1	D3	D2	D4	D5	D6	D13	D14	D7	D12	D8	D9	D10	D15	D18	D11	D16	D20	D17	D19
蓝藻门 Cyanophyta																				
一、色球藻科 Chroococcaceae																				
（一）微囊藻属（*Microcystis*）																				
1.铜绿微囊藻（*M.aeruginosa*）		√	√		√	√	√	√	√	√	√			√	√				√	√
2.水华微囊藻（*M.flos-aquae*）		√				√		√	√						√			√		√
3.鱼害微囊藻（*M.ichthyoblabe*）		√	√	√		√			√		√	√								√
4.史密斯微囊藻（*M.smithii*）						√					√	√								
5.挪氏微囊藻（*M.novacekii*）									√											
6.假丝微囊藻（*M.pseudofilamentosa*）															√					
7.惠氏微囊藻（*M.wesenbergii*）		√	√		√	√	√	√	√	√	√	√		√	√				√	√
（二）隐球藻属（*Aphanocapsa*）																				
8.美丽隐球藻（*A.pulchra*）											√									
（三）色球藻属（*Chroococcus*）																				
9.苍白色球藻（*Ch.pallidus*）	√		√						√		√								√	
10.光辉色球藻（*Ch.splendidus*）	√		√		√	√								√			√			
11.微小色球藻（*Ch.minutus*）							√													
（四）隐杆藻属（*Aphanothece*）																				
12.静水隐杆藻（*A.stagnina.*）				√												√				
（五）平裂藻属（*Merismopedia*）																				
13.中华平裂藻（*M.sinica*）						√					√			√		√				
14.细小平裂藻（*M.minima*）		√	√											√						
15.微小平裂藻（*M.tenuissima*）	√						√		√									√	√	√
16.点形平裂藻（*M.punctata*）														√		√				
17.银灰平裂藻（*M.glauca*）		√					√	√		√		√	√					√		

附表8 浮游藻类名录及分布(续)

浮游藻类名录	流域及采样点																			
	流域1		流域2		流域3				流域4		流域5					流域6			流域7	
	D1	D3	D2	D4	D5	D6	D13	D14	D7	D12	D8	D9	D10	D15	D18	D11	D16	D20	D17	D19
二、念珠藻科 Nostocaceae																				
(六)小尖头藻属(*Raphidiopsis*)																				
18.弯形小尖头藻(*R.curvata*)							√													
(七)长孢藻属(*Dolichospermum*)																				
19.浮游长孢藻(*D.planctonicum*)	√	√	√	√	√	√	√		√		√	√		√	√		√			
20.卷曲长孢藻(*D.circinale*)							√								√					
21.螺旋长孢藻(*D.spiroides*)							√													
22.真紧密长孢藻(*D.eucompacta*)							√													
三、伪鱼腥藻科 Pseudanabaenaceae																				
(八)伪鱼腥藻属(*Pseudanabaena*)																				
23.湖泊假鱼腥藻(*P.limnetica*)			√		√	√								√	√		√			
(九)束丝藻属(*Aphanizomenon*)																				
24.水华束丝藻(*A.flos-aquae*)												√		√						
25.依沙束丝藻(*A.issatschenkoi*)			√							√	√			√				√		
四、颤藻科 Oscillatoriaceae																				
(十)节旋藻属(*Arthrospira*)																				
26.极大节旋藻(*A.maxima*)		√			√										√					
(十一)螺旋藻属(*Spirulina*)																				
27.极大螺旋藻(*S.maxima*)	√		√		√	√			√											
28.细微螺旋藻(*S.sublitissima*)		√													√					
(十二)席藻属(*Phormidium*)																				
29.含钙席藻(*P.calcicola*)	√	√	√				√		√			√	√	√	√		√	√	√	√
30.秋季席藻(*P.autumnale*)	√	√	√									√	√				√	√	√	√
31.洪水席藻(*P.inundatum*)			√		√	√														
32.坑形席藻(*P.foveolarum*)				√			√			√						√				√

附表8　浮游藻类名录及分布(续)

浮游藻类名录	流域及采样点																			
	流域1		流域2		流域3				流域4		流域5					流域6			流域7	
	D1	D3	D2	D4	D5	D6	D13	D14	D7	D12	D8	D9	D10	D15	D18	D11	D16	D20	D17	D19
33.皮状席藻(*P.corium*)		√					√			√			√			√				
34.胶质席藻(*P.gelatinosum*)								√					√		√					
(十三)颤藻属(*Oscillatoria*)																				
35.结合颤藻(*O.jovis*)				√								√		√					√	
36.阿那颤藻(*O.annae*)		√												√			√			
37.喜碳颤藻(*O.carboniciphila*)	√	√	√		√	√	√		√			√	√	√			√		√	√
38.泥泞颤藻(*O.limosa*)	√			√	√	√			√		√	√	√	√	√		√	√	√	
39.象鼻颤藻(*O.proboscidea*)														√	√		√			
40.极小颤藻(*O.minima*)	√		√		√				√								√		√	
41.柔细颤藻(*O.subtilissima*)	√	√										√	√					√		√
42.小颤藻(*O.tenuis*)		√										√			√	√		√		√
43.易变颤藻(*O.proteus*)														√						
44.巨颤藻(*O.princeps*)	√																			
45.头冠颤藻(*O.sancta*)									√									√		
46.尖形颤藻(*O.rhaphis*)																		√		
47.菌形颤藻(*O.beggiatoiformis*)												√	√					√		√
(十四)鞘丝藻属(*Lyngbya*)																				
48.多管鞘丝藻(*L.polysiphoniae*)													√							
49.马氏鞘丝藻(*L.martensiana*)	√										√		√	√	√			√		
50.马氏鞘丝藻小型变种(*L.martensiana* var.*minor*)	√														√		√	√		
51.平截鞘丝藻(*L.truncicola*)		√		√						√			√							
红藻门 Rhodophyta																				
五、顶丝藻科 Acrochaetiaceae																				
(十五)旋体藻属(*Audouinella*)																				
52.矮小旋体藻(*A.pygmaea*)														√						

附表8 浮游藻类名录及分布(续)

浮游藻类名录	流域及采样点																			
	流域1		流域2		流域3				流域4		流域5					流域6			流域7	
	D1	D3	D2	D4	D5	D5	D13	D14	D7	D12	D8	D9	D10	D15	D18	D11	D16	D20	D17	D19
隐藻门 Cryptophyta																				
六、隐鞭藻科 Cryptomonadaceae																				
(十六)蓝隐藻属(*Chroomonas*)																				
53. 尖尾蓝隐藻(*C.acuta*)				√	√		√							√	√		√	√		√
七、隐藻科 Cryptomonadaceae																				
(十七)隐藻属(*Cryptomonas*)																				
54. 卵形隐藻(*C.ovata*)			√				√	√		√				√			√	√		
55. 啮蚀隐藻(*C.erosa*)		√	√		√	√	√	√	√	√				√	√		√	√		√
56. 回转隐藻(*C.reflexa*)			√																	
甲藻门 Pyrrophyta																				
八、薄甲藻科 Glenodiniaceae																				
(十八)薄甲藻属(*Glenodinium*)																				
57. 四齿薄甲藻(*G.quadridens*)							√				√		√		√				√	√
九、多甲藻科 Peridiniaceae																				
(十九)多甲藻属(*Peridinium*)																				
58. 坎宁顿拟多甲藻(*P.cunningtonii*)							√				√									
59. 二角多甲藻(*P.bipes*)																√				
十、角甲藻科 Ceratiaceae																				
(二十)角甲藻属(*Ceratium*)																				
60. 飞燕角甲藻(*C.hirundinella*)		√					√		√		√		√	√	√	√	√	√	√	√
61. 拟二叉角甲藻(*C.furcoides*)						√			√											
黄藻门 Xanthophyta																				
十一、无隔藻科 Vaucheriaceae																				
(二十一)无隔藻属(*Vaucheria*)																				
62. 附生无隔藻(*V.rpens*)		√						√						√	√					

附表8 浮游藻类名录及分布(续)

浮游藻类名录	流域及采样点																			
	流域1		流域2		流域3				流域4		流域5					流域6			流域7	
	D1	D3	D2	D4	D5	D6	D13	D14	D7	D12	D8	D9	D10	D15	D18	D11	D16	D20	D17	D19
金藻门 Chrysophyta																				
十二、棕鞭藻科 Ochromonadaceae																				
(二十二)锥囊藻属(*Dinobryon*)																				
63.圆筒形锥囊藻(*D.cylindricum*)																			√	√
64.分歧锥囊藻(*D.divergens*)																				√
硅藻门 Bacillariophyta																				
十三、圆筛藻科 Coscinodiscaceae																				
(二十三)小环藻属(*Cyclotella*)																				
65.星肋小环藻(*C.asterocostata*)	√																			
66.广缘小环藻(*C.bodanica*)		√	√	√	√		√		√		√			√	√	√	√	√	√	√
67.梅尼小环藻(*C.meneghiniana*)	√	√	√	√	√	√	√	√	√	√	√	√	√	√	√	√	√	√	√	√
68.具星小环藻(*C.stelligera*)											√								√	
(二十四)直链藻属(*Melosira*)																				
69.变异直链藻(*M.varians*)	√	√	√	√	√	√	√	√	√	√	√	√	√	√	√	√	√	√	√	√
70.颗粒直链藻(*M.granulata*)	√	√	√	√	√	√	√	√	√	√	√	√	√	√	√	√		√	√	√
71.颗粒直链藻极狭变种(*M.granulata* var.*angustissima*)	√	√	√	√	√	√	√	√	√	√	√	√	√	√	√	√	√	√	√	√
72.颗粒直链藻极狭变种螺旋变型(*M.granulata* var.*angustissima* f.*spiralis*)					√			√			√	√	√		√			√		
73.波形直链藻(*M.undulata*)						√													√	√
十四、角盘藻科 Eupodiscaceae																				
(二十五)侧链藻属(*Pleurosira*)																				
74.光滑侧链藻(*P.laevis*)	√	√	√		√	√	√		√	√	√	√	√	√				√	√	√
十五、盒形藻科 Biddulphicaceae																				
(二十六)水链藻属(*Hydrosera*)																				
75.黄埔水链藻(*H.whampoensis*)	√	√	√	√	√	√	√	√	√	√	√	√	√	√	√		√	√	√	√

附表8 浮游藻类名录及分布(续)

浮游藻类名录	流域及采样点																			
	流域1		流域2		流域3				流域4			流域5				流域6			流域7	
	D1	D3	D2	D4	D5	D6	D13	D14	D7	D12	D8	D9	D10	D15	D18	D11	D16	D20	D17	D19
十六、脆杆藻科 Fragilariaceae																				
(二十七)等片藻属(*Diatoma*)																				
76.普通等片藻(*D.vulgare*)				√	√	√		√	√	√			√			√			√	√
(二十八)脆杆藻属(*Fragilaria*)																				
77.钝脆杆藻(*F.capucina*)	√	√	√	√	√	√	√	√	√	√	√	√	√	√	√	√	√	√	√	√
78.克罗脆杆藻(*F.crotonensis*)			√			√			√		√	√		√	√					
79.帚形脆杆藻(*F.fasciculata*)												√								
80.微小脆杆藻(*F.atomus*)	√		√														√		√	
81.小脆杆藻(*F.tenera*)					√	√														
(二十九)针杆藻属(*Synedra*)																				
82.尺骨针杆藻(*S.ulna*)	√	√	√	√	√	√	√	√	√	√	√		√	√	√	√	√	√	√	√
83.尺骨针杆藻二头变种(*S.ulna* var.*biceps*)				√																
84.放射针杆藻(*S.berolinensis*)					√	√													√	
85.尖针杆藻(*S.acus*)					√	√			√	√	√	√	√	√	√	√	√	√	√	√
86.尖针杆藻放射变种(*S.acus* var.*radians*)			√	√					√	√	√	√		√	√				√	
87.双头针杆藻(*S.amphicephala*)	√										√								√	
(三十)星杆藻属(*Asterionella*)																				
88.星杆藻(*A.formosa*)					√							√								
十七、舟形藻科 Naviculaceae																				
(三十一)布纹藻属(*Gyrosigma*)																				
89.锉刀状布纹藻(*G.scalproides*)	√	√	√	√	√	√	√	√	√	√	√	√	√	√	√	√	√	√	√	√
90.渐狭布纹藻(*G.attenuatum*)	√	√		√			√	√	√	√	√	√	√	√	√	√	√			
91.尖布纹藻(*G.acuminatum*)	√					√			√					√			√		√	
92.库津布纹藻(*G.kuetzingii*)	√	√	√		√	√	√		√	√		√	√	√	√	√	√	√	√	√

附表8　浮游藻类名录及分布(续)

浮游藻类名录	流域及采样点																			
	流域1		流域2		流域3				流域4		流域5					流域6			流域7	
	D1	D3	D2	D4	D5	D6	D13	D14	D7	D12	D8	D9	D10	D15	D18	D11	D16	D20	D17	D19
(三十二)美壁藻属(*Caloneis*)																				
93.蛇形美壁藻原变种(*C.amphisbaena* var. *amphisbaena*)					√	√														
94.短角美壁藻(*C.silicula*)												√								
(三十三)辐节藻属(*Stauroneis*)																				
95.田地辐节藻(*S.agrestis*)															√					
96.双头辐节藻线形变种(*S.anceps* var.*linearis*)					√															
97.双头辐节藻(*S.anceps*)	√															√				
98.紫心辐节藻(*S.phoenicenteron*)																		√		
(三十四)舟形藻属(*Navicula*)																				
99.放射舟形藻(*N.radiosa*)	√	√	√	√	√	√	√			√		√	√			√	√			√
100.尖头舟形藻(*N.cuspidata*)			√		√	√	√			√			√			√				
101.简单舟形藻(*N.simples*)	√	√	√	√	√		√	√	√	√	√	√	√	√	√	√	√	√		√
102.隐头舟形藻(*N.cryptocephala*)	√	√		√	√		√	√	√		√	√			√		√			
103.相对舟形藻(*N.adversa*)																	√			
104.细纹舟形藻(*N.striolata*)	√		√		√	√														
105.显喙舟形藻(*N.perrostrata*)	√	√	√	√	√	√	√	√		√	√	√	√		√	√		√		√
106.线形舟形藻(*N.graciloides*)									√											
107.短小舟形藻(*N.exigua*)					√															
108.嗜盐舟形藻(*N.halophila*)																				
109.卡里舟形藻(*N.cari*)	√		√		√	√	√				√			√			√		√	
110.维里舟形藻(*N.virihensis*)		√												√						
111.瞳孔舟形藻(*N.pupula*)										√										
112.喙头舟形藻(*N.rhynchocephala*)				√	√			√			√			√		√				
113.船型舟形藻(*N.cymbula*)																√				
114.双头舟形藻(*N.dicephala*)	√			√				√	√	√	√			√						

附表8 浮游藻类名录及分布(续)

浮游藻类名录	流域及采样点																			
	流域1		流域2		流域3				流域4		流域5					流域6			流域7	
	D1	D3	D2	D4	D5	D6	D13	D14	D7	D12	D8	D9	D10	D15	D18	D11	D16	D20	D17	D19
115.系带舟形藻(*N.cincta*)				√						√										
116.头端舟形藻(*N.capitata*)								√												
(三十五)茧形藻属(*Amphiprora*)																				
117.沼泽茧形藻 (*A. paludosa*)															√					
(三十六)羽纹藻属(*Pinnularia*)																				
118.较大羽纹藻(*P.major*)	√		√							√										
119著名羽纹藻(*P.nobilis*)			√			√														
120.头端羽纹藻(*P.globiceps*)					√	√										√				
121.断纹羽纹藻(*P.interrupta*)								√								√				
122.二体羽纹藻(*P.biclavata*)	√		√														√			√
123.细条羽纹藻(*P.microstauron*)														√			√		√	
十八、桥弯藻科Cymbellaceae																				
(三十七)桥弯藻属(*Cymbella*)																				
124.微细桥弯藻(*C.parva*)				√						√		√								√
125.偏肿桥弯藻(*C.ventricosa*)						√	√			√		√	√		√	√				√
126.偏肿桥弯藻尖细变种(*C.ventricosa* var.*acuminata*)							√													
127.膨胀桥弯藻(*C.tumida*)		√	√	√		√	√	√		√										
128.肿胀桥弯藻(*C.paucistriata*)					√					√										
129.近缘桥弯藻(*C.affinis*)	√	√			√	√	√	√	√	√	√	√		√	√	√	√	√	√	√
130.新月形桥弯藻(*C.cymbiformis*)		√		√			√	√					√				√		√	
131.胀大桥弯藻(*C.turgidula*)	√	√	√		√	√			√			√	√			√				
132.膨大桥弯藻(*C.turgida*)							√	√				√	√		√	√		√		√
133.弧形桥弯藻(*C.arcus*)	√		√		√		√		√	√	√			√			√	√	√	√
134.极小桥弯藻(*C.perpusilla*)	√		√		√	√			√						√					
135.粗糙桥弯藻(*C.aspera*)											√									

附表8 浮游藻类名录及分布(续)

浮游藻类名录	流域及采样点																			
	流域1		流域2		流域3				流域4		流域5					流域6			流域7	
	D1	D3	D2	D4	D5	D6	D13	D14	D7	D12	D8	D9	D10	D15	D18	D11	D16	D20	D17	D19
136.箱形桥弯藻(*C.cistula*)	√	√	√		√	√		√	√	√	√	√	√			√		√		
137.箱形桥弯藻钝棘变种(*C.cistula* var.*hebeyata*)				√			√													
138.纤细桥弯藻(*C.gracillis*)		√						√				√	√			√				√
139.奥地利桥弯藻(*C.austriaca*)		√					√					√	√		√	√				
140.披针形桥弯藻(*C.lanceolata*)													√		√					
141.平滑桥弯藻(*C.laevis*)	√	√										√								
十九、异极藻科 Gomphonemaceae																				
(三十八)异极藻属(*Gomphonema*)																				
142.彼格勒异极藻(*G.berggrenii*)		√																		
143.窄异极藻(*G.angustatum*)					√	√			√	√										
144.窄异极藻延长变种(*G.angustatum* var.*productum*)										√										
145.尖顶异极藻(*G.augur*)	√	√	√				√	√		√	√	√			√	√			√	
146.近棒形异极藻尖细变种(*G.subclavatum* var. *acuminatum*)				√																
147.近棒形异极藻(*G.subclavatum*)	√	√	√		√	√	√	√	√	√	√	√	√	√	√	√	√	√	√	√
148.塔形异极藻(*G.turris*)	√					√				√		√	√		√		√	√	√	√
149.小型异极藻(*G.parvulum*)		√					√	√		√						√				
150.纤细异极藻(*G.gracile*)	√	√	√		√	√				√		√	√	√	√	√	√	√	√	√
151.圆端异极藻(*G.sphaerophorum*)	√								√								√			
152.缠结异极藻(*G.intricatum*)										√					√		√			
二十、曲壳藻科 Achnanthaceae																				
(三十九)弯楔藻属(*Rhoicosphenia*)																				
153.弯楔藻(*R.curvata*)		√		√																
(四十)卵形藻属(*Cocconeis*)																				
154.扁圆卵形藻(*C.placentula*)	√	√		√	√		√	√			√	√			√	√	√	√		√

附表8　浮游藻类名录及分布(续)

浮游藻类名录	流域及采样点																			
	流域1		流域2		流域3				流域4		流域5					流域6			流域7	
	D1	D3	D2	D4	D5	D6	D13	D14	D7	D12	D8	D9	D10	D15	D18	D11	D16	D20	D17	D19
二十一、窗纹藻科 Epithemiaceae																				
(四十一)棒杆藻属(*Rhopalodia*)																				
155.弯棒杆藻(*R.gibba*)																		√		√
二十二、菱形藻科 Nitzschiaceae																				
(四十二)菱板藻属(*Hantzschia*)																				
156.双尖菱板藻小头变种(*H.amphioxys* f.*capitata*)						√														
157.两尖菱板藻(原变种)(*H.amphioxys* var.*amphioxys*)				√			√				√				√			√		√
(四十三)菱形藻属(*Nitzschia*)																				
158.小碎片菱形藻(*N.frustulum*)	√	√	√	√			√								√					
159.池生菱形藻(*N.stagnorum*)	√																			
160.线形菱形藻(*N.linearis*)	√	√	√		√	√	√	√	√	√	√	√	√	√		√		√		√
161.谷皮菱形藻(*N.palea*)	√		√					√	√	√					√				√	
162.针形菱形藻(*N.acicularis*)	√			√	√	√		√			√				√		√	√		
163.钝头菱形藻解剖刀形变种(*N.obtusa* var.*scalpelliformis*)										√										
164.丝状菱形藻紧密变种(*N.filiformis* var.*conferta*)										√										√
165.弯曲菱形藻(*N.sigmoidea*)	√	√	√	√	√	√	√	√	√	√	√	√	√	√	√	√	√		√	
166.奇异菱形藻(*N.paradoxa*)		√		√		√	√	√	√		√		√	√	√	√	√	√	√	√
167.细长菱形藻(*N.gracilis*)				√											√		√			
168.类辐星状菱形藻(*N.actinastroides*)				√																
169.碎片菱形藻(*N.frustulum*)	√		√											√						
170.细长菱形藻(*N.gracilis*)	√		√											√						
171.小头端菱形藻(*N.capitellata*)		√	√				√	√		√	√			√	√	√			√	
172.直菱形藻(*N.recta*)					√	√														

附表8 浮游藻类名录及分布(续)

浮游藻类名录	流域及采样点																			
	流域1		流域2		流域3				流域4		流域5					流域6			流域7	
	D1	D3	D2	D4	D5	D6	D13	D14	D7	D12	D8	D9	D10	D15	D18	D11	D16	D20	D17	D19
二十三、双菱藻科 Surirellaceae																				
(四十四)波缘藻属(*Cymatopleura*)																				
173 草鞋形波缘藻(*C.solea*)	√		√		√	√	√	√	√	√	√	√	√	√	√	√	√		√	√
174. 草鞋形波缘藻近缢缩变种(*C.solea* var.*subconstricta*)	√	√	√	√	√	√	√	√	√	√	√	√			√	√	√			
175. 草鞋形波缘藻整齐变种(*C.solea* var.*regula*)					√	√		√	√											
176 椭圆波缘藻(*C.elliptica*)	√	√	√	√	√	√	√	√	√	√	√	√	√	√		√	√	√	√	√
177. 椭圆波缘藻缢缩变种(*C.elliptica* var.*constricta*)					√	√					√		√							
(四十五)双菱藻属(*Surirella*)																				
178. 螺旋双菱藻(*S.spiralis*)					√						√	√								√
179. 粗壮双菱藻(*S.robusta*)	√	√		√	√	√	√	√	√	√	√	√	√		√			√		
180. 卵形双菱藻(*S.ovata*)		√												√	√				√	
181. 线形双菱藻淡黄变种(*S.linearis* var.*helvetica*)		√														√				
182. 柔弱双菱藻具脉变种(*S.tenera* var.*nervosa*)							√								√					
183. 柔弱双菱藻(*S.tenera*)															√				√	√
184. 端毛双菱藻(*S.capronii*)	√	√		√	√	√	√	√	√	√	√	√	√	√	√	√	√	√	√	√
185. 椭圆双菱藻(*S.matopieura*)	√																			
186. 椭圆双菱藻一变种(*S.matopieura* var.*constricta*)			√																	
187. 双尖双菱藻(*S.amphioxys*)												√								
188. 二列双菱藻(*S.biseriata*)																√				
(四十六)马鞍藻属(*Campylodiscus*)																				
189. 埃克马鞍藻(*C.echeneis*)																				√
裸藻门 Euglenophyta																				
二十四、裸藻科 Euglenaceae																				
(四十七)裸藻属(*Euglena*)																				
190. 绿色裸藻(*E.viridis*)	√	√	√				√	√							√	√		√		√

附表8　浮游藻类名录及分布(续)

浮游藻类名录	流域及采样点																			
	流域1		流域2		流域3				流域4		流域5					流域6			流域7	
	D1	D3	D2	D4	D5	D6	D13	D14	D7	D12	D8	D9	D10	D15	D18	D11	D16	D20	D17	D19
191.旋纹裸藻(*E.spirogyra*)		√		√																
192.三棱裸藻(*E.tripteris*)																√		√		
193.易变裸藻(*E.mutabilis*)	√							√												
194.梭形裸藻(*E.acus*)	√					√	√		√										√	
195.附生裸藻(*E.adhaerens*)	√										√			√		√			√	
196.棒形裸藻(*E.clavata*)																√				
197.尾裸藻小型变种(*E.caudata* var.*minor*)			√																	
198.尖尾裸藻(*E.oxyuris*)	√	√					√												√	√
199.齿形裸藻(*E.laciniata*)								√						√	√		√	√	√	
200.拟中心裸藻(*E.pseudocentralis*)										√										
(四十八)扁裸藻属(*Phacus*)																				
201.尖尾扁裸藻(*P.acuminatus*)	√		√																	
202.琵鹭扁裸藻(*P.platalea*)															√	√				
203.长尾扁裸藻(*P.longicauda*)	√							√							√			√		√
204.圆形扁裸藻(*P.orbicularis*)																		√		√
205.螺旋扁裸藻(*P.strombuliformis*)											√									
二十五、袋鞭藻科 Peranemaceae																				
(四十九)异丝藻属(*Heteronema*)																				
206.纺锤异丝藻(*H.fusiforme*)							√													
绿藻门 Chlorophyta																				
二十六、衣藻科 Chlamydomonadaceae																				
(五十)素衣藻属(*Polytoma*)																				
207.素衣藻(*P.uvella*)			√																	

附表8 浮游藻类名录及分布(续)

浮游藻类名录	流域及采样点																			
	流域1		流域2		流域3				流域4		流域5					流域6			流域7	
	D1	D3	D2	D4	D5	D6	D13	D14	D7	D12	D8	D9	D10	D15	D18	D11	D16	D20	D17	D19
二十七、绿囊藻科 Chlorangiellaceae																				
(五十一)绿柄球藻属(*Stylosphaeridium*)																				
208. 绿柄球藻(*S.stipitatum*)																				
二十八、团藻科 Volvocaceae																				
(五十二)盘藻属(*Gonium*)																				
209. 盘藻(*G.pectorale*)					√													√		
(五十三)实球藻属(*Pandorina*)																				
210. 实球藻(*P.morum*)			√		√	√	√	√		√	√		√	√	√	√	√	√	√	√
(五十四)空球藻属(*Eudorina*)																				
211. 空球藻(E.elegans)	√	√		√	√	√	√	√		√		√	√	√	√	√	√	√	√	√
(五十五)杂球藻属(*Pleodorina*)																				
212. 杂球藻(P.californica)											√						√			√
二十九、空星藻科 Coelastruaceae																				
(五十六)空星藻属(*Coelastrum*)																				
213. 小空星藻(*C.microporum*)	√					√			√		√		√					√		√
三十、群星藻科 Sorastraceae																				
(五十七)集星藻属(*Actinastrum*)																				
214. 集星藻(*A.hantzschii*)							√													
三十一、卵囊藻科 Oocystaceae																				
(五十八)纤维藻属(*Ankistrodesmus*)																				
215. 狭形纤维藻(*A.angustus*)	√										√								√	
216. 针形纤维藻(*A.acicularis*)							√		√											
217. 镰形纤维藻(*A.falcatus*)							√		√											
218. 卷曲纤维藻(*A.convolutus*)																		√		

附表8　浮游藻类名录及分布(续)

浮游藻类名录	流域及采样点																			
	流域1		流域2		流域3				流域4		流域5					流域6			流域7	
	D1	D3	D2	D4	D5	D6	D13	D14	D7	D12	D8	D9	D10	D15	D18	D11	D16	D20	D17	D19
三十二、小球藻科 Chlorellaceae																				
(五十九)小球藻属(*Chlorella*)																				
219小球藻(*Ch.vulgaris*)																				√
三十三、水网藻科 Hydrodictyaceae																				
(六十)水网藻属(*Hydrodictyon*)																				
220水网藻(*H.reticulatum*)										√										
三十四、绿球藻科 Chlorococcaceae																				
(六十一)盘星藻属(*Pediastrum*)																				
221.双射盘星藻(*P.biradiatum*)					√			√			√					√				
222.二角盘星藻(*P.duplex*)		√	√		√	√	√			√	√	√						√		√
223.二角盘星藻纤细变种(*P.duplex* var.*gracillimum*)			√		√			√	√											√
224.单角盘星藻具孔变种(*P.simplex* var.*duodenarium*)	√	√	√	√	√	√	√	√	√	√	√	√	√	√	√	√	√	√	√	√
225.短棘盘星藻(*P.boryanum*)									√								√		√	
226.短棘盘星藻长角变种(*P.boryanum* var.*longicorne*)																			√	
227.单角盘星藻(*P.simplex*)					√	√	√		√					√	√		√		√	√
三十五、栅藻科 Scenedesmaceae																				
(六十二)栅藻属(*Scenedesmus*)																				
228.尖细栅藻(*S.acuminatus*)					√	√	√											√		
229.双对栅藻(*S.bijuga*)							√													
230.四尾栅藻(*S.quadricauda*)	√	√	√	√	√	√	√	√	√	√	√	√	√	√	√	√	√	√	√	√
231.四尾栅藻原变种(*S.quadricauda* var.*quadricauda*)									7						√					
232.四尾栅藻长棘变种(S.quadricauda var.longispna)			√	√										√						
233.四尾栅藻长棘变种不对称变型(*S.quadricauda* var.*longispna* f.*angmmetricus*)																		√		√
234.光滑栅藻(*S.ecornis*)						√														

附表8　浮游藻类名录及分布(续)

浮游藻类名录	流域及采样点																			
	流域1		流域2		流域3				流域4		流域5					流域6			流域7	
	D1	D3	D2	D4	D5	D6	D13	D14	D7	D12	D8	D9	D10	D15	D18	D11	D16	D20	D17	D19
235.急尖栅藻四棘变型(*S.acutus* f.*tetra-clesmiformis*)						√														
236.扁盘栅藻(*S.platydiscus*)						√	√													
237.二尾栅藻(*S.bicaudatus*)	√						√	√			√			√		√				
238.大型栅藻(*S.maximus*)									√									√		
239.丰富栅藻(*S.abundans*)									√									√		
240.丰富栅藻长尾变种(*S.abundans* var.*lonicauda*)									√									√		
241.二形栅藻(*S.dimorphus*)		√	√	√	√	√	√	√	√	√			√			√		√	√	
242.被甲栅藻博格变种双尾变型(*S.armatus* var.*boglariensis* f.*bicaudatus*)									√			√			√					
243.裂孔栅藻(*S.perforatus*)					√	√														
244.齿牙栅藻(*S.denticulatus*)															√					
245.尖细栅藻(*S.acuminatus*)		√	√	√	√	√			√		√							√	√	
246.龙骨栅藻(*S.carinatus*)					√	√														
(六十三)十字藻属(*Crucigenia*)																				
247.四角十字藻(*C.quadrata*)				√						√										
(六十四)四星藻属(*Tetrastrum*)																				
248.短刺四星藻(*T.staurogeniaeforme*)																		√		
三十六、胶毛藻科 Chaetophoraceae																				
(六十五)毛枝藻属(*Stigeoclonium*)																				
249.优美毛枝藻(*S.amoenum*)									√			√			√		√	√		√
250.小毛枝藻(*S.tenue*)	√																			
三十七、鞘藻科 Oedogoniaceae																				
(六十六)鞘藻属(*Oedogonium*)																				
251.鞘藻(*Oedogonium* sp.)		√	√					√	√						√		√	√		√

附表8　浮游藻类名录及分布(续)

浮游藻类名录	流域及采样点																			
	流域1		流域2		流域3				流域4		流域5					流域6			流域7	
	D1	D3	D2	D4	D5	D6	D13	D14	D7	D12	D8	D9	D10	D15	D18	D11	D16	D20	D17	D19
三十八、丝藻科 Ulotrichaceae																				
(六十七)筒藻属(*Cylindrocapsa*)																				
252.筒藻(*C. geminella*)															√					
(六十八)丝藻属(*Ulothrix*)																				
253.环丝藻(*U.zonata*)				√					√											
254.细丝藻(*U.tenerrima*)																	√			
三十九、刚毛藻科 Cladophoraceae																				
(六十九)刚毛藻属(*Cladophora*)																				
255.团集刚毛藻(*C.glomerata*)		√			√					√										√
256.疏枝刚毛藻(*C.rainsignis*)												√								
四十、微孢藻科 Microsporaceae																				
(七十)微孢藻属(*Microspora*)																				
257.膜微孢藻(*M.membranacea*)							√		√	√	√	√	√			√			√	√
四十一、双星藻科(Zygnemataceae)																				
(七十一)水绵属(*Spirogyra*)																				
258.水绵1(*Spirogyra* sp.)	√	√	√	√				√			√	√				√	√	√		√
259.水绵2(*Spirogyra* sp.)		√		√				√			√	√				√	√	√		√
(七十二)双星藻属(*Zygnema*)																				
260.双星藻(*Zygnema* sp.)											√									
(七十三)转板藻属(*Mougeotia*)																				
261.转板藻(*Mougeotia* sp.)											√	√						√		
四十二、鼓藻科(Desmidiaceae)																				
(七十四)新月藻属(*Closterium*)																				
262.项圈新月藻(*C.moniliforum*)				√					√	√									√	√
263.念珠新月藻(*C.moniliferum*)									√											

附表8　浮游藻类名录及分布(续)

浮游藻类名录	流域及采样点																			
	流域1		流域2		流域3				流域4		流域5					流域6			流域7	
	D1	D3	D2	D4	D5	D6	D13	D14	D7	D12	D8	D9	D10	D15	D18	D11	D16	D20	D17	D19
264.披针新月藻(*C.lanceolatum*)							√		√											
265.尖新月藻(*C.acutum*)				√			√	√												√
266.尖新月藻变异变种(*C.acutum* var.*variabile*)																				√
267.锐新月藻(*C.acerosum*)								√			√	√								√
268.纤细新月藻(*C.gracile*)					√		√									√			√	
(七十五)角星鼓藻属(*Staurastrum*)																				
269.纤细角星鼓藻(*S.gracile*)																				
(七十六)鼓藻属(*Cosmarium*)																				
270.扁鼓藻(*C.depressum*)	√				√	√														
271.钝鼓藻(*C.obtusatum*)			√		√	√			√										√	
272.方鼓藻(*C.quadrum*)	√					√			√		√									
273.特平鼓藻(*C.turpinii*)														√						
274.亚脊鼓藻小形变型(*C.punctulatum* f.*monor*)		√										√								
275.广西鼓藻(*C.kwangsiense*)												√								
276.斑点鼓藻(*C.punctulatum*)							√						√							
277.近胡瓜鼓藻(*C.subcucumis*)							√	√					√							
278.厚皮鼓藻(*C.pachydermum*)		√								√			√			√				

附表9　着生藻类名录及分布

藻类名录	流域及采样点																			
	流域1		流域2		流域3				流域4		流域5					流域6			流域7	
	D1	D3	D2	D4	D5	D6	D13	D14	D7	D12	D8	D9	D10	D15	D18	D11	D16	D20	D17	D19
蓝藻门 Cyanophyta																				
一、颤藻科 Oscillatoriaceae																				
(1)席藻属(*Phormidium*)																				
1.胶质席藻(*P.gelatinosum*)													√		√					
2.洪水席藻(*P.inundatum*)													√					√		
(2)颤藻属(*Oscillatoria*)																				
3.喜碳颤藻(*O.carboniciphila*)								√	√	√			√					√		
4.阿那颤藻(*O.annae*)											√		√	√						
5.柔细颤藻(*O.subtilissima*)													√							
6.小颤藻(*O.tenuis*)		√																√		
7.泥泞颤藻(*O.limosa*)	√			√	√				√		√	√	√	√	√		√	√		
8.易变颤藻(*O.proteus*)													√	√						√
9.头冠颤藻(*O.sancta*)									√									√		
10.尖形颤藻(*O.rhaphis*)																		√		
11.巨颤藻(*O.princeps*)	√																			
(3)鞘丝藻属(*Lyngbya*)																				
12.马氏鞘丝藻(*L.martensiana*)													√					√		
13.马氏鞘丝藻小型变种(*L.martensiana* var.*minor*)																		√		
14.平截鞘丝藻(*L. truncicola*)										√										
15.多管鞘丝藻(*L.polysiphoniae*)											√		√	√						
16.栏鞘丝藻(*L.putealis*)				√									√							

附表9　着生藻类名录及分布(续)

藻类名录	流域及采样点																			
	流域1		流域2		流域3				流域4		流域5					流域6			流域7	
	D1	D3	D2	D4	D5	D6	D13	D14	D7	D12	D8	D9	D10	D15	D18	D11	D16	D20	D17	D19
红藻门 Rhodophyta																				
二、顶丝藻科 Acrochaetiaceae																				
(4)旋体藻属(*Audouinella*)																				
17.矮小旋体藻(*A. pygmaea*)														√						
黄藻门 Xanthophyta																				
三、无隔藻科 Vaucheriaceae																				
(5)无隔藻属(*Vaucheria*)																				
18.附生无隔藻(*V.rpens*)		√						√							√	√				
硅藻门 Bacillariophyta																				
四、圆筛藻科 Coscinodiscaceae																				
(6)小环藻属(*Cyclotella*)																				
19.星肋小环藻(*C.asterocostata*)	√																			
20.广缘小环藻(*C.bodanica*)			√		√		√				√									√
21.梅尼小环藻(*C.meneghiniana*)	√		√		√		√				√					√	√	√	√	√
(7)直链藻属(*Melosira*)																				
22.变异直链藻(*M.varians*)	√	√	√	√	√	√	√	√	√	√	√	√	√	√	√	√	√	√	√	√
23.颗粒直链藻(*M.granulata*)			√	√	√	√	√		√		√	√	√	√	√	√	√	√	√	
24.颗粒直链藻极狭变种(*M.granulata* var.*angustissima*)	√	√	√	√	√	√	√	√	√	√	√	√	√	√	√	√		√	√	√
五、角盘藻科 Eupodiscaceae																				
(8)侧链藻属(*Pleurosira*)																				
25光滑侧链藻(*P.laevis*)	√			√	√		√		√	√	√	√	√					√	√	√
六、盒形藻科 Biddulphicaceae																				
(9)水链藻属(*Hydrosera*)																				
26.黄埔水链藻(*H.whampoensis*)	√		√	√	√	√	√	√	√	√	√	√	√	√	√		√		√	√

附表9　着生藻类名录及分布(续)

藻类名录	流域及采样点																			
	流域1		流域2		流域3				流域4		流域5					流域6			流域7	
	D1	D3	D2	D4	D5	D6	D13	D14	D7	D12	D8	D9	D10	D15	D18	D11	D16	D20	D17	D19
七、脆杆藻科 Fragilariaceae																				
(10)等片藻属(*Diatoma*)																				
27.普通等片藻(*D.vulgare*)				√	√	√		√	√	√			√			√			√	√
(11)脆杆藻属(*Fragilaria*)																				
28.钝脆杆藻(*F.capucina*)	√	√	√	√	√	√	√	√	√	√	√	√	√	√		√	√		√	√
(12)针杆藻属(*Synedra*)																				
29.肘状针杆藻(*S.ulna*)		√		√	√	√	√	√	√	√	√		√			√	√	√		
30.尖针杆藻(*S.acus*)					√			√	√	√	√	√	√	√	√	√	√	√	√	√
八、舟形藻科 Naviculaceae																				
(13)布纹藻属(*Gyrosigma*)																				
31.锉刀状布纹藻(*G.scalproides*)	√		√	√	√	√	√	√	√	√	√	√	√	√	√	√			√	√
32.库津布纹藻(*G. kuetzingii*)		√	√	√	√			√		√	√	√	√	√	√	√		√	√	√
33.渐狭布纹藻(*G.attenuatum*)	√	√		√				√	√	√	√	√	√	√		√	√			
(14)舟形藻属(*Navicula*)																				
34.放射舟形藻(*N.radiosa*)				√	√	√		√		√		√		√		√				
35.隐头舟形藻(*N.cryptocephala*)				√	√		√	√			√			√	√		√	√		
36.喙头舟形藻(*N.rhynchocephala*)				√	√			√			√					√				
37.头端舟形藻(*N.capitata*)								√												
38.尖头舟形藻(*N.cuspidata*)							√	√										√		
39.显喙舟形藻(*N.perrostrata*)	√		√	√			√		√	√	√	√	√		√	√			√	
40.线形舟形藻(*N.graciloides*)									√											
41.简单舟形藻(*N.simples*)	√		√	√	√				√		√	√	√	√	√	√	√			√
42.瞳孔舟形藻(*N.pupula*)										√										
43.短小舟形藻(*N.exigua*)					√															

附表9　着生藻类名录及分布(续)

藻类名录	流域及采样点																			
	流域1		流域2		流域3				流域4		流域5					流域6			流域7	
	D1	D3	D2	D4	D5	D6	D13	D14	D7	D12	D8	D9	D10	D15	D18	D11	D16	D20	D17	D19
(15)羽纹藻属(*Pinnularia*)																				
44.二体羽纹藻(*P.biclavata*)																		√		
45.较大羽纹藻(*P.major*)	√		√							√										
46.断纹羽纹藻(*P.interrupta*)																√				
九、桥弯藻科 Cymbellaceae																				
(16)桥弯藻属(*Cymbella*)																				
47.偏肿桥弯藻(*C.ventricosa*)						√				√										
48.平滑桥弯藻(*C.laevis*)			√	√	√				√							√				
49.膨胀桥弯藻(*C.tumida*)			√		√	√		√		√	√	√	√	√	√	√	√		√	
50.肿胀桥弯藻(*C.paucistriata*)					√					√										
51.近缘桥弯藻(*C.affinis*)	√	√	√	√	√	√	√	√	√	√	√	√	√	√	√		√		√	√
52.微细桥弯藻(*C.parva*)								√	√	√		√							√	√
53.箱形桥弯藻(*C.cistula*)					√															
54.披针形桥弯藻(*C.lanceolata*)													√							
55.新月形桥弯藻(*C.cymbiformis*)		√					√	√			√		√			√	√		√	
十、异极藻科 Gomphonemaceae																				
(17)异极藻属(*Gomphonema*)																				
56.纤细异极藻(*G.gracile*)	√	√																		
57.窄异极藻(*G.angustatum*)				√	√				√	√				√	√	√				
58.尖顶异极藻(*G.augur*)	√	√	√	√				√		√	√			√	√	√			√	√
59.缠结异极藻(*G.intricatum*)										√					√			√		
60.近棒形异极藻(*G.subclavatum*)	√	√	√					√		√							√			√
61.塔形异极藻(*G.turris*)										√			√		√				√	
62.小型异极藻(*G.parvulum*)										√										

附表9　着生藻类名录及分布(续)

藻类名录	流域及采样点																			
	流域1		流域2		流域3				流域4		流域5					流域6			流域7	
	D1	D3	D2	D4	D5	D6	D13	D14	D7	D12	D8	D9	D10	D15	D18	D11	D16	D20	D17	D19
十一、曲壳藻科 Achnanthaceae																				
(18)卵形藻属(*Cocconeis*)																				
63.扁圆卵形藻(*C.placentula*)											√	√	√		√	√	√	√	√	√
十二、菱形藻科 Nitzschiaceae																				
(19)菱形藻属(*Nitzschia*)																				
64.线形菱形藻(*N.linearis*)							√	√		√	√	√	√	√		√	√	√		
65.针形菱形藻(*N.acicularis*)	√		√	√	√	√		√		√	√			√	√		√	√		
66.拟螺旋菱形藻(*N.sigmoidea*)	√	√	√	√	√		√	√	√	√	√	√	√	√	√	√	√	√	√	
67.小碎片菱形藻(*N.frustulum*)	√	√	√	√			√								√					
68.谷皮菱形藻(*N.palea*)	√		√					√		√										
69.奇异菱形藻(*N. paradoxa*)		√		√		√	√	√	√	√	√		√	√	√	√	√	√	√	√
70.类辐星状菱形藻(*N.actinastroides*)				√																
71.细长菱形藻(*N.gracilis*)				√											√		√			
十三、双菱藻科 Surirellaceae																				
(20)波缘藻属(*Cymatopleura*)																				
72.草鞋形波缘藻(*C.solea*)	√		√	√	√			√	√		√	√	√	√	√		√		√	
73.草鞋波缘藻近缢缩变种(*C.solea* var.*subconstricta*)	√		√		√			√	√		√	√			√		√			
74.椭圆形波缘藻(*C.elliptica*)	√		√	√	√		√	√	√		√	√		√			√			√
(21)双菱藻属(*Surirella*)																				
75.螺旋双菱藻(*S.spiralis*)					√							√								
76.卵形双菱藻(*S.ovata*)		√												√	√				√	
77.粗壮双菱藻(*S.robusta*)	√	√	√	√	√		√	√	√	√	√	√	√	√	√		√	√		√
78.端毛双菱藻(*S.capronii*)		√		√	√		√	√	√			√	√	√	√	√	√	√	√	

附表9　着生藻类名录及分布(续)

藻类名录	流域及采样点																			
	流域1		流域2		流域3				流域4		流域5					流域6			流域7	
	D1	D3	D2	D4	D5	D6	D13	D14	D7	D12	D8	D9	D10	D15	D18	D11	D16	D20	D17	D19
绿藻门 Chlorophyta																				
十四、水网藻科 Hydrodictyaceae																				
(22)水网藻属(*Hydrodictyon*)																				
79.水网藻(*H.reticulatum*)										√										
十五、胶毛藻科 Chaetophoraceae																				
(23)毛枝藻属(*Stigeoclonium*)																				
80.小毛枝藻(*S.tenue*)	√																			
81.优美毛枝藻(*S.amoenum*)									√			√								√
十六、刚毛藻科 Cladophoraceae																				
(24)刚毛藻属(*Cladophora*)																				
82.团集刚毛藻(*C.glomerata*)		√			√					√										√
83.疏枝刚毛藻(*C.rainsignis*)												√								
十七、鞘藻科 Oedogoniaceae																				
(25)鞘藻属(*Oedogonium*)																				
84.鞘藻(*Oedogonium* sp.)		√	√					√	√								√			√
十八、丝藻科 Ulotrichaceae																				
(26)丝藻属(*Ulothrix*)																				
85.细丝藻(*U.tenerrima*)				√					√											
86.环丝藻(*U.zonata*)				√					√											
十九、微孢藻科 Microsporaceae																				
(27)微孢藻属(*Microspora*)																				
87.膜微孢藻(*M.membranacea*)							√		√	√	√	√	√			√			√	√
二十、双星藻科(Zygnemataceae)																				
(28)水绵属(*Spirogyra*)																				
88.水绵1(*Spirogyra* sp.)	√	√	√	√							√	√				√	√	√	√	√

藻类名录	流域及采样点																			
	流域1		流域2		流域3				流域4		流域5					流域6			流域7	
	D1	D3	D2	D4	D5	D6	D13	D14	D7	D12	D8	D9	D10	D15	D18	D11	D16	D20	D17	D19
89.水绵2(*Spirogyra* sp.)		√		√				√			√	√				√	√		√	√
(29)转板藻属(*Mougeotia*)																				
90.转板藻(*Mougeotia* sp.)											√	√								
(30)双星藻属(*Zygnema*)																				
91.双星藻(*Zygnema* sp.)											√									√

附表10 龙溪河流域各监测点位指示藻类名录及分布(秋季)

指示藻类名录	流域及采样点																			
	流域1		流域2		流域3				流域4		流域5					流域6			流域7	
	1	3	2	4	5	6	13	14	7	12	8	9	10	15	18	11	16	20	17	19
1.铜绿微囊藻水华变型		β																β		β
2.密集微囊藻								β							β			β		β
3.鱼害微囊藻		β		β																β
4.惠氏微囊藻											β									
5.坑形席藻				α			α			α			α			α				α
6.喜碳颤藻	β		β		β				β			β	β				β	β		β
7.泥泞颤藻	αβ		αβ									αβ	αβ					αβ		αβ
8.小颤藻		pα	pα									pα			pα	pα		pα		pα
9.二角多甲藻													o							
10.坎宁顿拟多甲藻																o				
11.飞燕角甲藻		β					β				β		β		β	β		β		β
12.分歧锥囊藻																				o
13.变异直链藻	β	β	β	β	β	β	β	β	β	β	β	β	β	β	β	β	β	β	β	β
14.颗粒直链藻	β	β	β	β	β	β	β	β	β	β	β	β	β	β	β	β	β	β	β	β
15.颗粒直链藻极狭变种	β	β	β	β	β	β	β	β	β	β	β	β	β	β	β	β	β	β	β	β
16.光滑侧链藻					β	β			β	β		β		β				β	β	
17.黄埔水链藻	β				β	β			β	β	β	β		β	β		β	β		β
18.钝脆杆藻	βo	βo	βo	βo	βo	βo	βo	βo	βo	βo		βo	βo	βo	βo	βo	βo	βo	βo	βo
19.肘状针杆藻	β		β	β	β	β	β	β	β	β	β		β	β	β	β	β	β	β	β
20.尖针杆藻					β	β														
21.尖布纹藻	o					o			o					o			o		o	
22.隐头舟形藻		αβ					αβ		αβ			αβ								
23.尖头舟形藻			β		β	β				β			β			β				
24.胀大桥弯藻	α	α	α		α	α	α		α	α		α	α			α	α	α	α	α

附表10 龙溪河流域各监测点位指示藻类名录及分布(秋季)(续)

指示藻类名录	流域及采样点																			
	流域1		流域2		流域3				流域4		流域5					流域6			流域7	
	1	3	2	4	5	6	13	14	7	12	8	9	10	15	18	11	16	20	17	19
25.近缘桥弯藻	o	o	o	o	o	o	o	o	o	o	o	o	o	o	o	o		o	o	
26.谷皮菱形藻									αβ						αβ				αβ	
27.尖菱形藻		α					α	α		α						α				
28.针形菱形藻	β				β	β					β			β						
29.草鞋形波缘藻	αβ		αβ		αβ	αβ	αβ		αβ	αβ		αβ	αβ	αβ		αβ	αβ		αβ	
30.椭圆波缘藻	o	o	o	o	o	o	o	o	o	o	o	o	o			o	o	o	o	o
31.端毛双菱藻	β	β		β		β	β	β	β	β	β	β	β	β	β	β	β	β	β	β
32.实球藻							β	β		β	β		β	β	β	β	β		β	β
33.空球藻	β	β		β	β	β	β	β		β		β	β	β	β	β	β	β	β	β
34.小空星藻	β																β		β	
35.二角盘星藻					βo	βo	βo			βo								βo		βo
36.单角盘星藻具孔变种		β		β			β	β		β		β			β	β		β		β
37.短棘盘星藻	pα		pα		pα	pα			pα		pα			pα			pα		pα	
38.四尾栅藻	β	β	β	β	β	β	β	β	β	β	β	β	β	β	β	β	β	β	β	β
39.水绵1																	o	o		o
40.水绵2																		o		o
41.锐新月藻												β							β	β
42.纤细新月藻																			β	
43.尖新月藻				β				β												β
44.广西鼓藻												o								
45.斑点鼓藻							o						o							
46.近胡瓜鼓藻							o	o					o							
47.厚皮鼓藻				o			o								o					
48.扁鼓藻	o			o	o	o							o		o	o				
49.钝鼓藻			o		o	o			o										o	

附表11　龙溪河流域各监测点位指示藻类名录及分布(冬季)

指示藻类名录	流域及采样点																			
	流域1		流域2		流域3				流域4		流域5					流域6			流域7	
	1	3	2	4	5	6	13	14	7	12	8	9	10	15	18	11	16	20	17	19
1. 史密斯鱼腥藻		β																		
2. 长孢藻	β		β						β					β						
3. 依沙束丝藻																		β		
4. 依沙矛丝藻																		β		
5. 泥泞颤藻									αβ					αβ						
6. 尖尾蓝隐藻				β	β		β													
7. 啮蚀隐藻							αβ											αβ		
8. 坎宁顿拟多甲藻							β				β									
9. 飞燕角甲藻									β		β		β	β			β	β	β	β
10. 圆筒形锥囊藻																			o	o
11. 变异直链藻		β		β		β	β	β	β	β	β	β	β	β	β	β	β	β		β
12. 颗粒直链藻极狭变种		β			β	β		β	β	β	β	β	β			β		β		
13. 光滑侧链藻					β		β		β		β	β							β	β
14. 黄埔水链藻					β		β	β	β	β									β	β
15. 普通等片藻				βo	βo	βo		βo	βo	βo			βo			βo				
16. 钝脆杆藻	βo	βo	βo		βo		βo	βo	βo	βo		βo	βo			βo				
17. 肘状针杆藻		β			β	β	β	β	β	β			β			β	β	β		
18. 尖针杆藻									β	β	β			β	β					
19. 尖头舟形藻							β													
20. 隐头舟形藻				αβ			αβ													
21. 瞳孔舟形藻										α										
22. 近缘桥弯藻	o	o		o		o			o	o	o		o	o	o					
23. 窄异极藻									o	o										
24. 扁圆卵形藻											β	β				β				

附表11　龙溪河流域各监测点位指示藻类名录及分布(冬季)(续)

指示藻类名录	流域及采样点																			
	流域1		流域2		流域3				流域4		流域5					流域6			流域7	
	1	3	2	4	5	6	13	14	7	12	8	9	10	15	18	11	16	20	17	19
25.谷皮菱形藻								αβ		αβ										
26.针形菱形藻	β			β		β														
27.奇异菱形藻		β		β		β	β	β	β		β			β	β	β	β	β	β	β
28.草鞋形波缘藻	αβ		αβ		αβ			αβ	αβ		αβ	αβ								
29.椭圆波缘藻	o		o		o		o	o	o		o	o		o			o			
30.螺旋双菱藻					o							o								+
31.卵形双菱藻		β												β	β				β	
32.端毛双菱藻					β		β	β	β			β	β	β	β	β	β	β	β	
33.绿色裸藻	p	p														p				
34.素衣藻			β																	
35.空球藻								β											+	
36.小空星藻	β					β														
37.狭形纤维藻	β										+								+	
38.镰形纤维藻							β													
39.四尾栅藻				β			β				β							β		
40.二尾栅藻							β													
41.环丝藻				o					o											
42.团集刚毛藻		o								o										
43.水绵1											o						o			
44.水绵2								o									o			o
45.双星藻											o									
46.转板藻											o									
47.别针新月藻							β		β											
48.尖新月藻							β													
49.锐新月藻								β			β									
50.纤细新月藻					β		β									β				

附表12 龙溪河流域各监测点位指示藻类名录及分布(春季)

指示藻类名录	流域及采样点																			
	流域1		流域2		流域3				流域4		流域5					流域6			流域7	
	1	3	2	4	5	6	13	14	7	12	8	9	10	15	18	11	16	20	17	19
1.湖泊假鱼腥藻	β		β		β	β									β		β			
2.史密斯鱼腥藻	β	β	β		β									β						
3.凯氏鱼腥藻	β														β		β	β	β	
4.水华鱼腥藻	β													β						
5.依沙束丝藻	β		β							β	β			β				β		
6.泥泞颤藻				αβ	αβ				αβ		αβ	αβ	αβ	αβ	αβ		αβ	αβ		
7.尖尾蓝隐藻				β	β		β								β		β	β		β
8.卵形隐藻		β	β		β	β		β	β	β				β	β		β	β		β
9.坎宁顿拟多甲藻							o				o									
10.飞燕角甲藻						o	o		o	o	o		o	o			o	o	o	o
11.变异直链藻	β	β	β	β	β	β	β	β	β	β	β	β	β	β	β	β	β	β	β	β
12.颗粒直链藻极狭变种		β	β		β	β	β	β	β	β	β	β	β	β		β		β	β	β
13.光滑侧链藻			β		β		β		β	β	β	β							β	β
14.黄埔水链藻				β	β	β	β	β	β	β	β	β		β	β		β			β
15.普通等片藻				βo	βo	βo		βo	βo	βo			βo			βo			βo	βo
16.钝脆杆藻	βo	βo	βo	βo	βo		βo	βo	βo	βo	βo	βo	βo			βo				
17.肘状针杆藻		β			β	β	β	β	β	β	β		β			β	β	β		
18.尖针杆藻									β	β	β	β		β	β		β	β	β	β
19.星杆藻					β							β								
20.隐头舟形藻				αβ	αβ		αβ	αβ			αβ				αβ		αβ			
21.近缘桥弯藻	o	o		o	o	o	o	o	o	o	o	o	o	o	o				o	o
22.扁圆卵形藻	β	β		β	β		β	β				β			β	β	β			
23.谷皮菱形藻	αβ		αβ					αβ		αβ										
24.针形菱形藻	β			β		β		β			β				β		β	β		

附表12　龙溪河流域各监测点位指示藻类名录及分布(春季)(续)

指示藻类名录	流域及采样点																			
	流域1		流域2		流域3				流域4		流域5					流域6			流域7	
	1	3	2	4	5	6	13	14	7	12	8	9	10	15	18	11	16	20	17	19
25.草鞋形波缘藻	αβ		αβ		αβ			αβ	αβ		αβ	αβ			αβ		αβ		αβ	
26.椭圆形波缘藻	o		o		o		o	o	o		o	o		o			o			
27.螺旋双菱藻					o						o	o								o
28.端毛双菱藻					β		β	β	β			β	β	β	β	β	β	β	β	
29.旋纹裸藻		β																		
30.绿色裸藻	p		p				p									p				
31.尖尾裸藻							β													
32.小空星藻	β					β			β		β		β					β		
33.镰形纤维藻									αβ											
34.二角盘星藻			βo			βo												βo		
35.尖细栅藻		β		β					β		β			β				β	β	
36.二形栅藻			+			β	β		β									β		
37.大型栅藻									β									β		
38.丰富栅藻									β											
39.四尾栅藻				β	β	β	β		β	β	β			β				β	β	
40.扁盘栅藻						β												β		
41.团集刚毛藻		o								o										o
42.疏枝刚毛藻												o								
43.水绵1		o	o	o							o						o	o		
44.水绵2		o		o				o			o	o					o			o

附表13　龙溪河流域各监测点位指示藻类名录及分布（夏季）

指示藻类名录	流域及采样点																			
	流域1		流域2		流域3				流域4		流域5					流域6			流域7	
	1	3	2	4	5	6	13	14	7	12	8	9	10	15	18	11	16	20	17	19
1.铜绿微囊藻		β	β		β	β	β	β	β	β	β			β	β				β	β
2.水华微囊藻						β			β											
3.鱼害微囊藻			β			β			β		β	β								
4.史密斯微囊藻						β					β	β								
5.挪氏微囊藻									β											
6.假丝微囊藻															β					
7.惠氏微囊藻		β	β		β	β	β	β	β	β	β	β		β	β				β	β
8.弯形小尖头藻							β													
9.浮游长孢藻	β			β	β		β				β	β		β			β			
10.卷曲长孢藻							β								β					
11.螺旋长孢藻							β													
12.真紧密长孢藻							β													
13.水华束丝藻												β								
14.依沙束丝藻										β										
15.喜碳颤藻	β	β	β			β	β					β		β			β	β		β
16.泥泞颤藻	β			β										β						
17.小颤藻		αβ																		
18.巨颤藻	β																			
19.尖尾蓝隐藻							β							β			β			
20.啮蚀隐藻							β													
21.飞燕角甲藻									β											
22.变异直链藻		β	β	β	β	β	β			β				β		β				
23.颗粒直链藻			β	β		β	β		β		β	β	β	β	β					
24.颗粒直链藻极狭变种				β	β		β	β	β		β	β	β	β	β			β	β	

附表13　龙溪河流域各监测点位指示藻类名录及分布(夏季)(续)

指示藻类名录	流域及采样点																			
	流域1		流域2		流域3				流域4		流域5					流域6			流域7	
	1	3	2	4	5	6	13	14	7	12	8	9	10	15	18	11	16	20	17	19
25.颗粒直链藻极狭变种螺旋变型					β			β			β	β	β		β			β		
26.光滑侧链藻													β						β	
27.黄埔水链藻			β		β				β	β		β	β	β			β	β	β	
28.普通等片藻													βo							
29.肘状针杆藻													β							
30.尖针杆藻													β			β				
31.隐头舟形藻														αβ						
32.近缘桥弯藻				o									o				o			
33.扁圆卵形藻																	β			
34.谷皮菱形藻	αβ		αβ																	
35.草鞋形波缘藻													αβ	αβ						
36.椭圆形波缘藻				o																
37.端毛双菱藻																β				
38.绿色裸藻		p	p				p	p							p			p		p
39.旋纹裸藻				β																
40.尖尾裸藻	β	β					β												β	β
41.实球藻			β							β				β				β		β
42.空球藻					β												β			
43.镰形纤维藻							αβ		αβ											
44.水网藻										βo										
45.二角盘星藻		βo	βo		βo						βo	βo						βo		βo
46.单角盘星藻具孔变种			β		β		β	β	β	β	β	β					β	β		β
47.四尾栅藻	β				β		β		β									β		
48.团集刚毛藻					o															
49.水绵1	o											o				o				

附表13　龙溪河流域各监测点位指示藻类名录及分布(夏季)(续)

指示藻类名录	流域及采样点																			
	流域1		流域2		流域3				流域4		流域5					流域6			流域7	
	1	3	2	4	5	6	13	14	7	12	8	9	10	15	18	11	16	20	17	19
50.水绵2		o										o				o				
51.项圈新月藻				β					β	β									β	
52.纤细新月藻																β				

附图

底栖

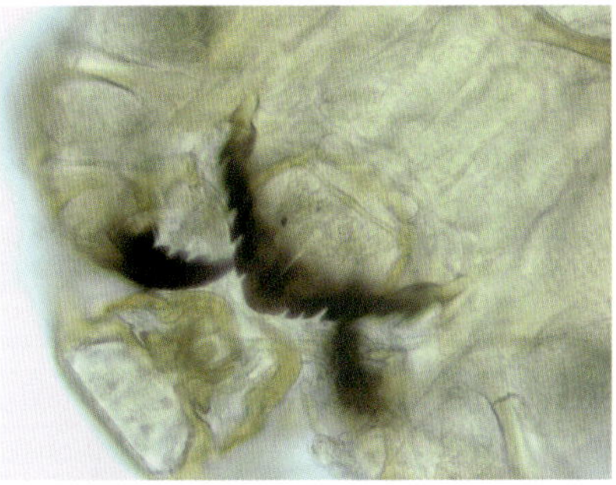

真开氏摇蚊属 *Eukiefferiella* sp.

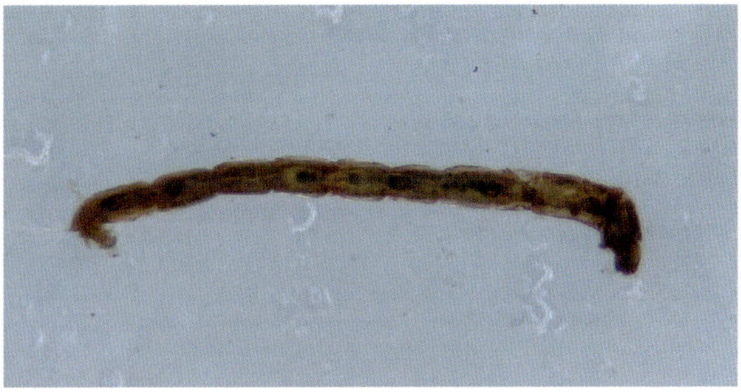

多足摇蚊属 *Polypedilum* sp.

隐摇蚊属 *Cryptochironomus* sp.

纳塔摇蚊属 *Natarsia* sp.

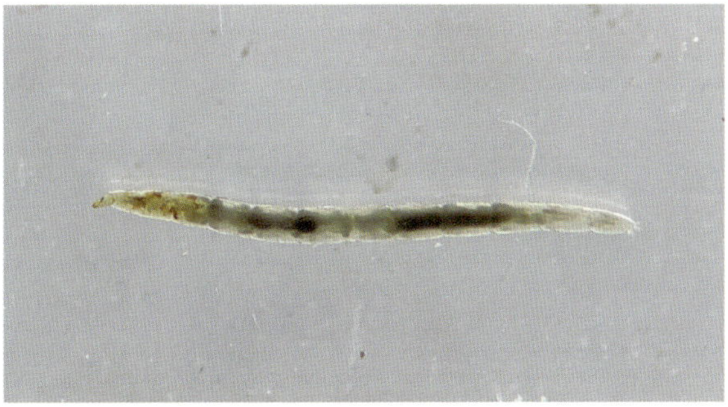

蠓科 *Ceratopogonidae*

雕翅摇蚊属 *Glyptotendipes* sp.

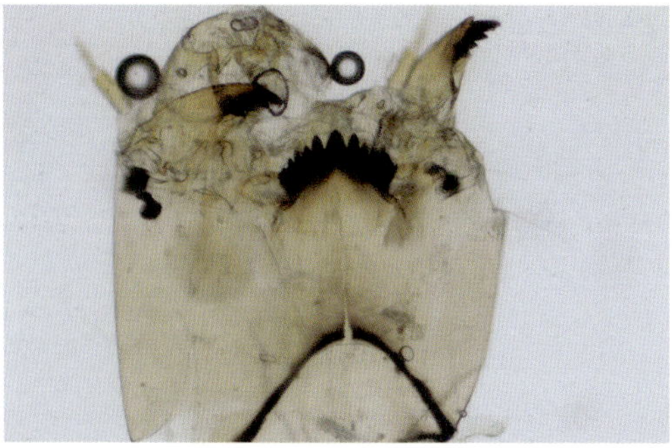

二叉摇蚊属 *Dicrotendipes* sp.

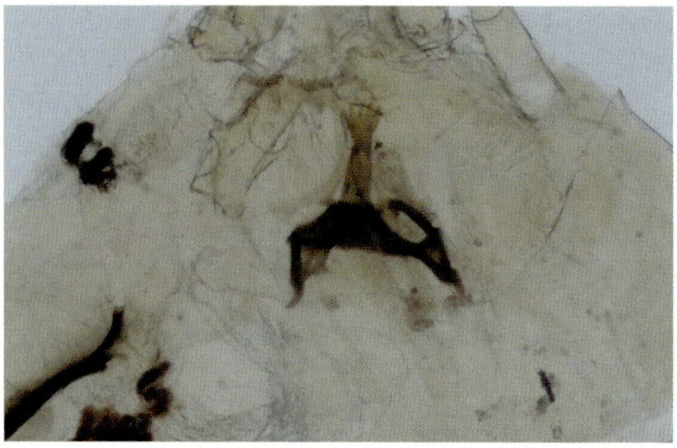

长足摇蚊属 *Tanypus* sp.

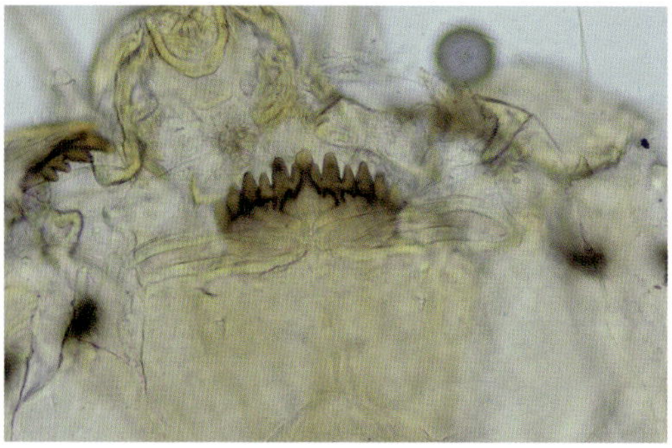

枝长跗摇蚊属 *Cladotanytarsus* sp.

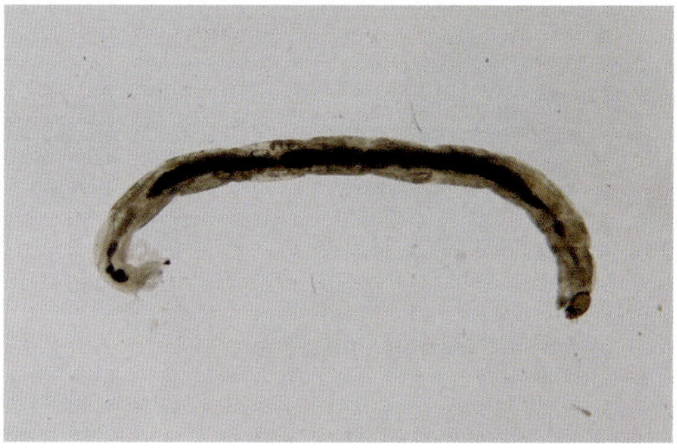

摇蚊属 *Chironomus* sp.

尼罗长足摇蚊属 *Nilotanypus* sp.

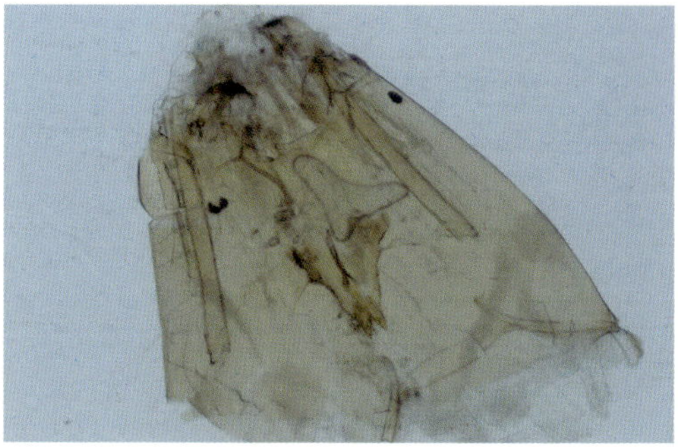

菱跗摇蚊属 *Clinotanypus* sp.

纹石蛾属 *Hydropsyche* sp.

韦氏四节蜉 *Acentrella* sp.

似宽基蜉属 *Choroterpides* sp.

蜉蝣属 *Ephemera* sp.

细蜉属 *Caenis* sp.

动蜉属 *Cinygma* sp.

天角蜉属 *Uracanthella* sp.

短丝蜉属 *Siphluriscus* sp.

按蚊属 *Anopheles* sp.

假二翅蜉属 *Pseudocloeon* sp.

径石蛾科 *Ecnomidae*

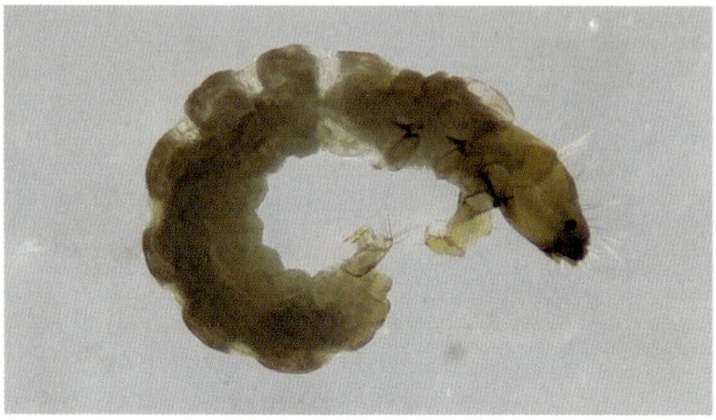

钩翅石蛾科 *Helicopsychidae*

狭溪泥甲属 *Stenelmis* sp.

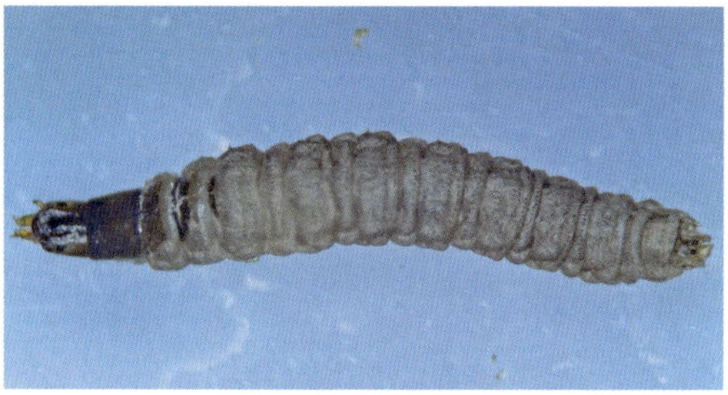

苍白牙甲属 *Enochrus* sp.

粒龙虱亚科 *Laccophilinae*

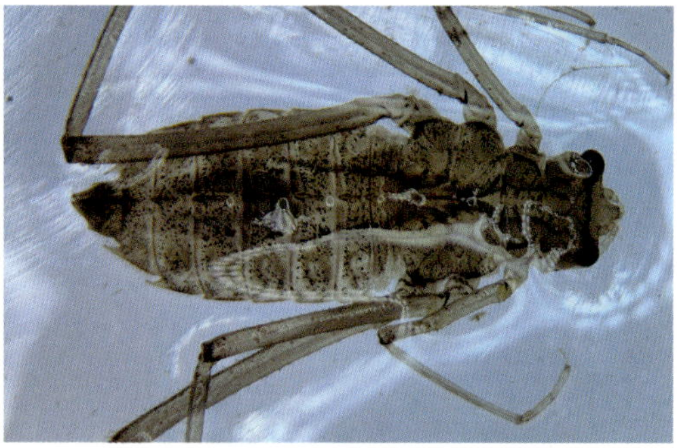

大伪蜻属 *Genus Macromia* sp.

扇蟌属 *Platycnemis* sp.

红眼蟌属 *Erythromma* sp.

星齿蛉属 *Protohermes* sp.

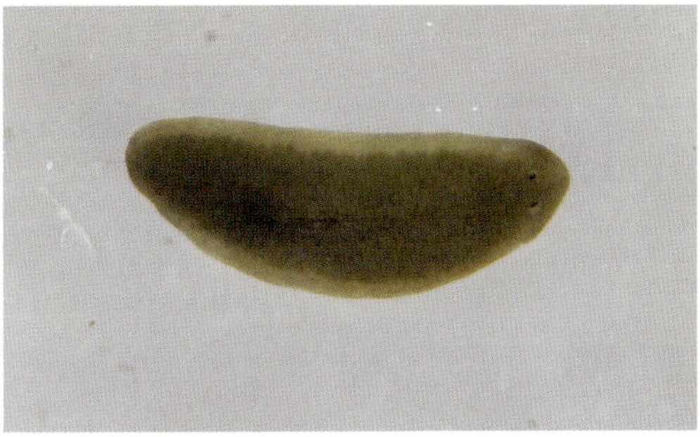

日本三角涡虫 *Dugesia japonica*

光滑狭口螺 *Stenothyra glabra*

椭圆萝卜螺 *Radix swinhoei*

福寿螺 *Pomacea canaliculata*

河蚬 *Corbicula fluminea*

淡水壳菜 *Limnoperna lacustris*

苏氏尾鳃蚓 *Branchiura sowerbyi*

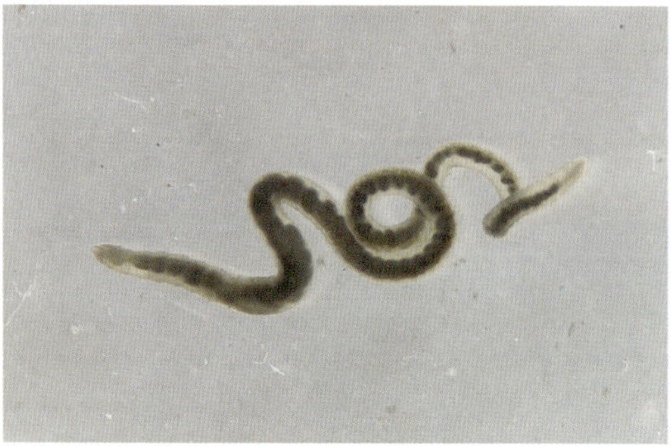

水丝蚓属 *Limnodrilus* sp.

泽蛭属 *Helobdella* sp.

锯齿新米虾 *Neocaridina denticulata*

锯齿华溪蟹 *Sinopotamon denticulatum*

圆顶珠蚌 *Unio douglasiae*

假刺翅蜉属 *Pseudocentroptilum* sp.

朝大蚊属 *Antocha* sp.

浮游动物

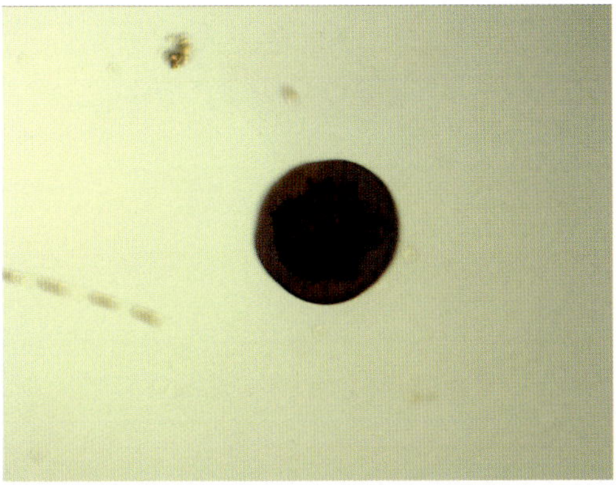

表壳虫 *Arcella* sp.

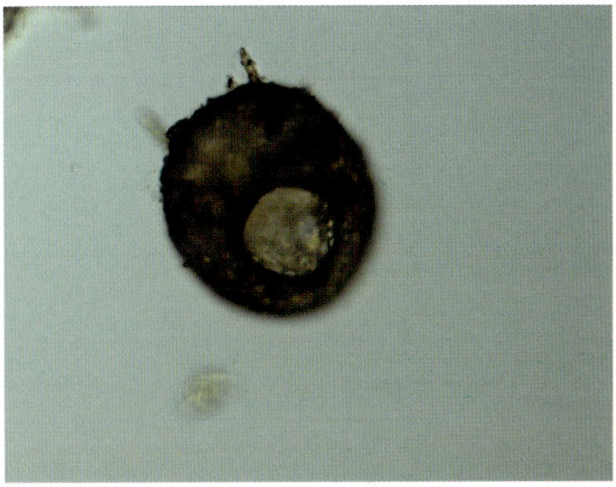

针棘匣壳虫 *Centropyxis aculeata*

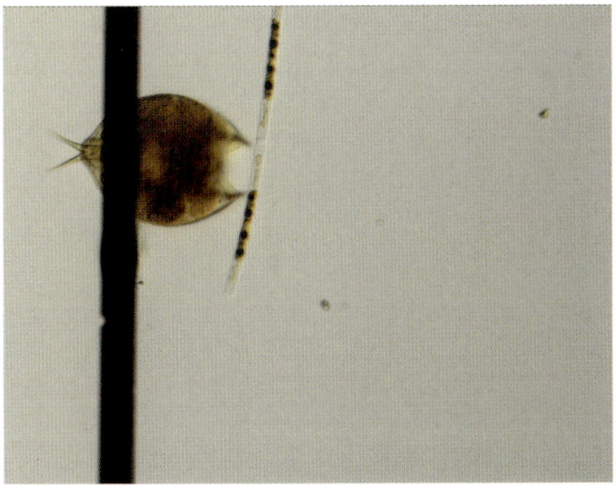

盘状鞍甲轮虫 *Lepadella patella*

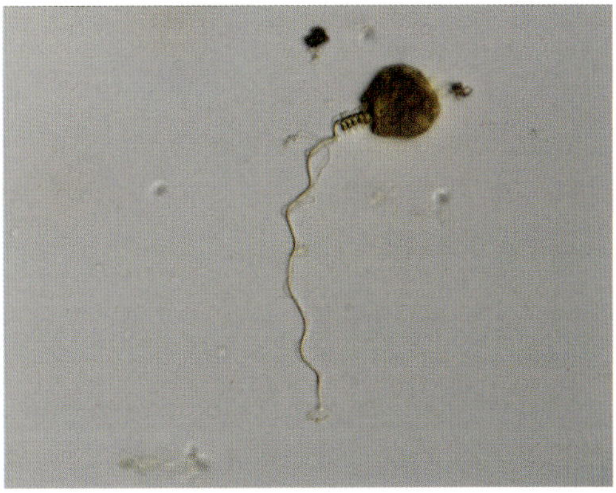

钟虫 *Vorticella* sp.

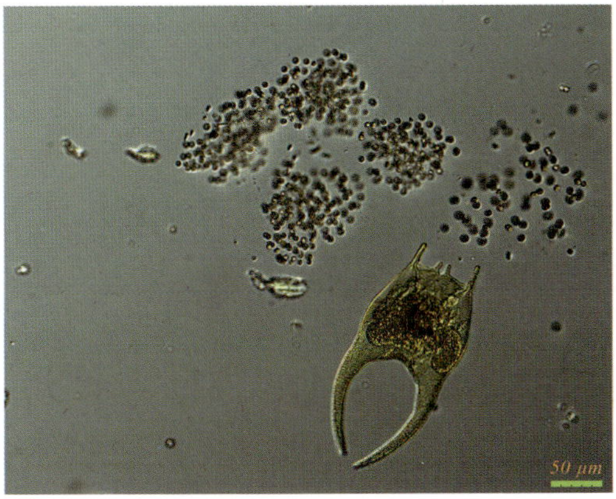

剪形臂尾轮虫 *Brachionus forficula*

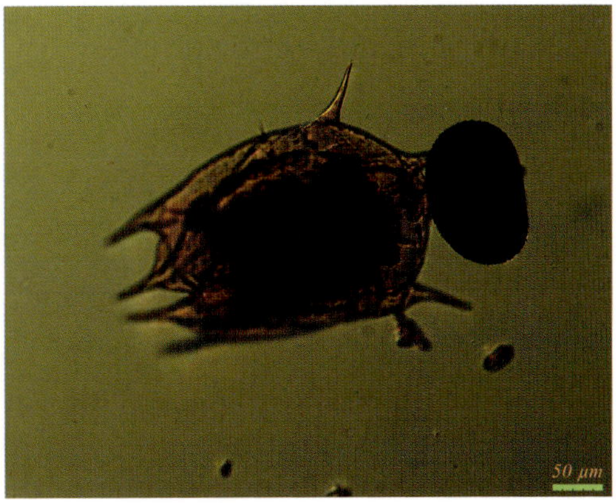

萼花臂尾轮虫 *Brachionus calyciflorus Pallas*

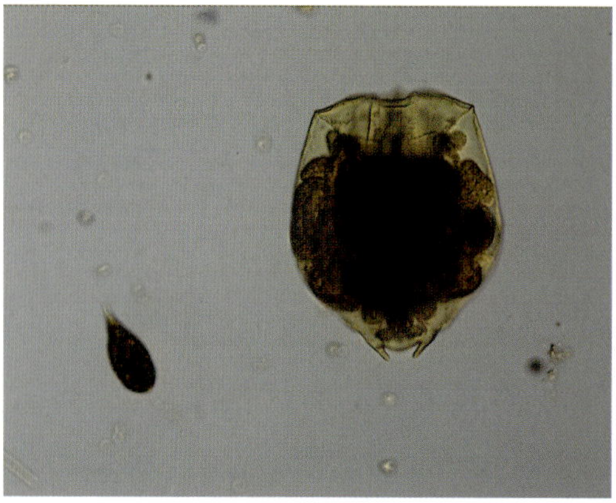

角突臂尾轮虫 *Brachionus angularis*

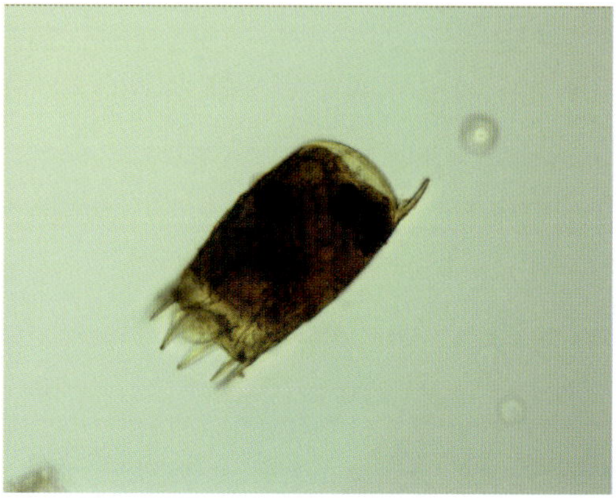

曲腿龟甲轮虫 *Keratella valga*

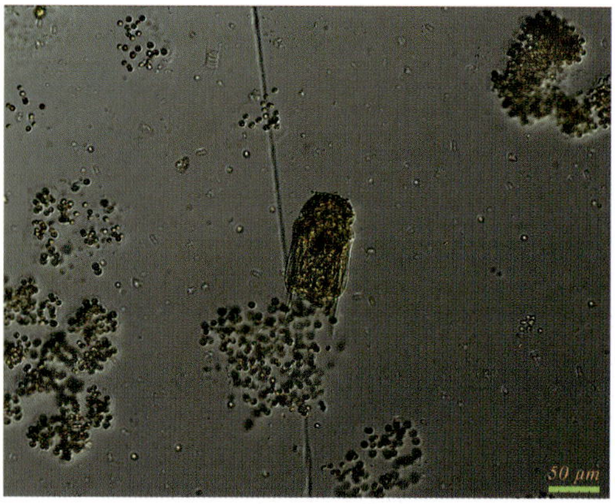

针簇多肢轮虫 *Polyarthra trigla*

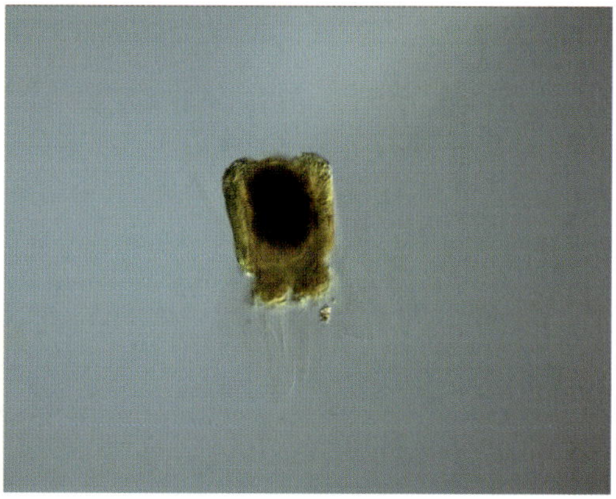

真翅多肢轮虫 *Polyarthra euryptera*

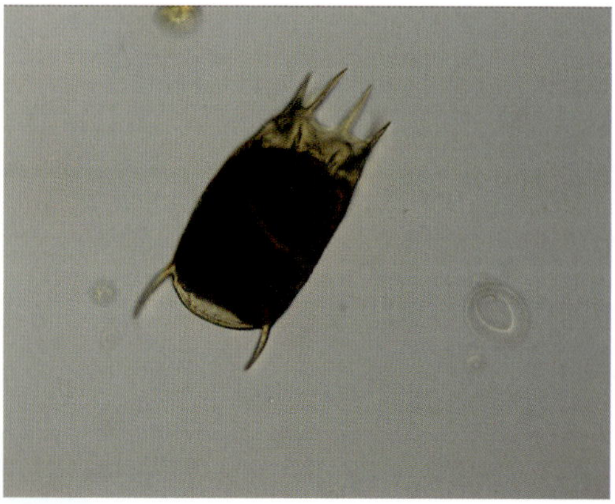

矩形龟甲轮虫 *Keratella quadrata*

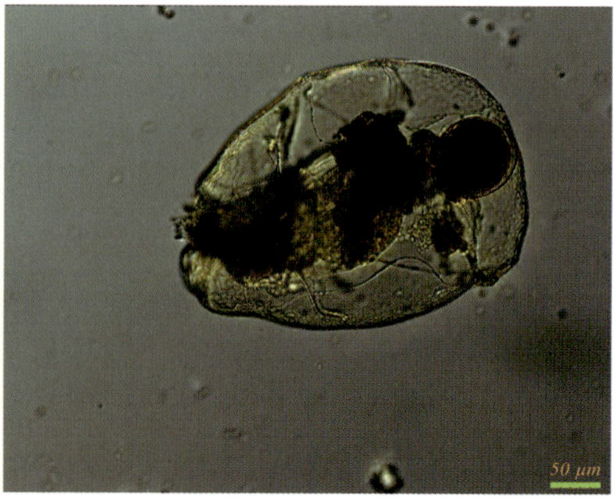

晶囊轮虫 *Asplanchna* sp.

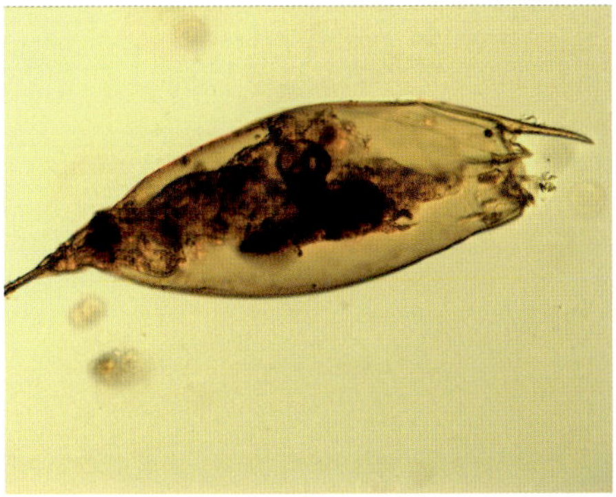

等刺异尾轮虫 *Trichocerca similis*

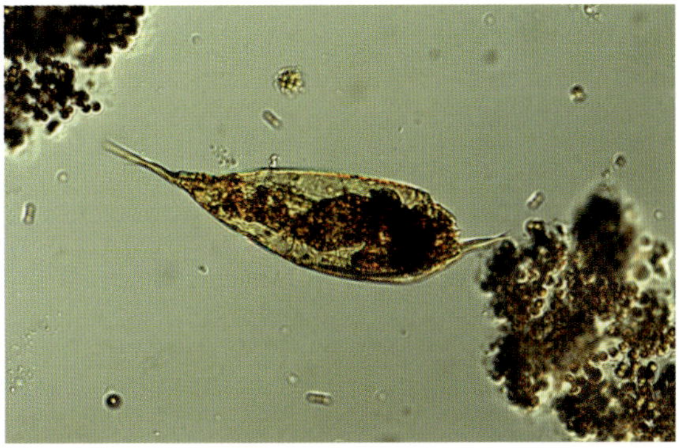

异尾轮属 *Trichocerca* sp.

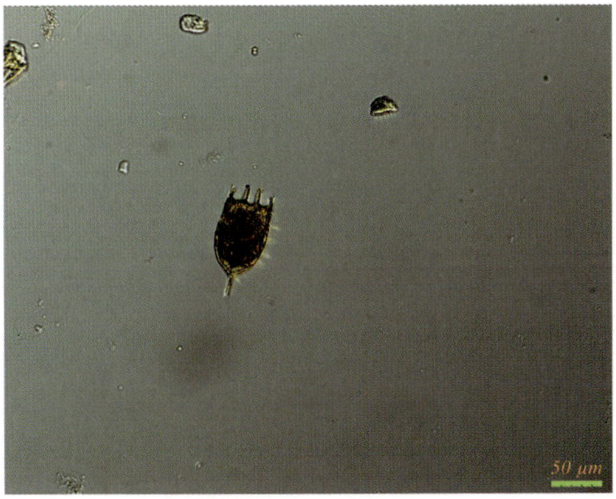

螺形龟甲轮虫 *Keratella cochlearis*

长三肢轮虫 *Filinia longiseta*

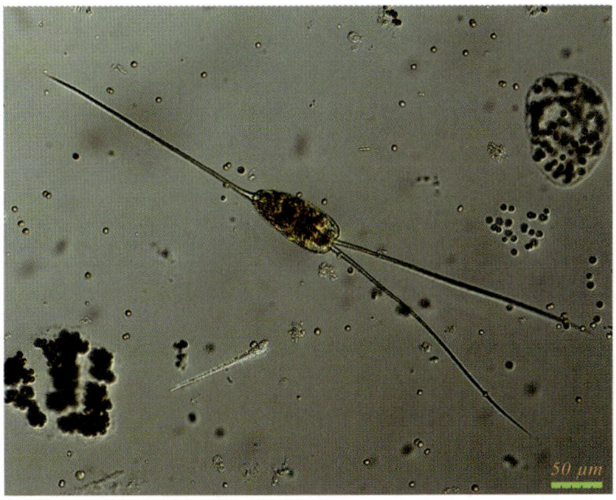

迈氏三肢轮虫 *Filinia maior*

奇异巨腕轮虫 *Pedalia mira*

长肢秀体溞 *Diaphanosoma leuchtenbergianum*

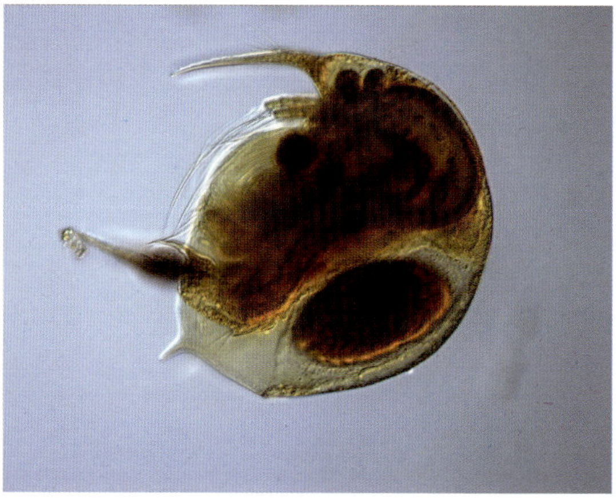

长额象鼻溞 *Bosmina longirostris*

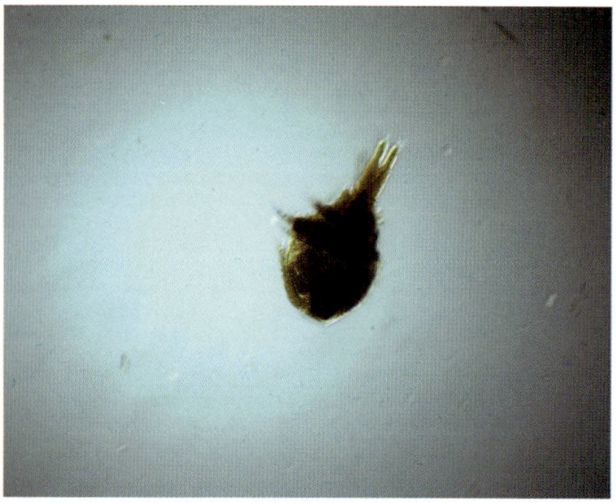

剑水蚤 *Cyclops* sp.

无节幼体 *Nauplius*

浮游藻类

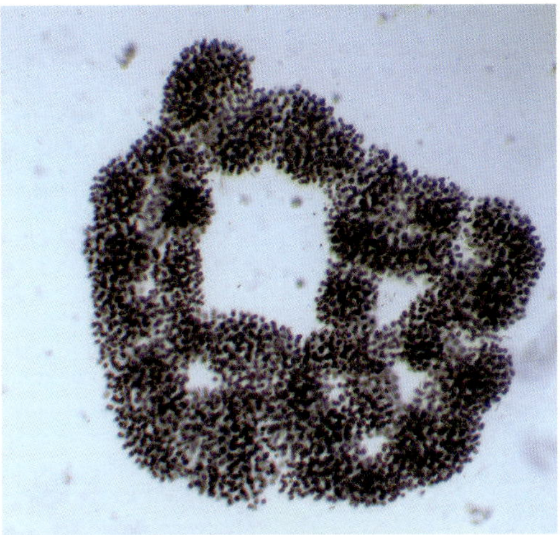

铜绿微囊藻 *Microcystis aeruginosa*

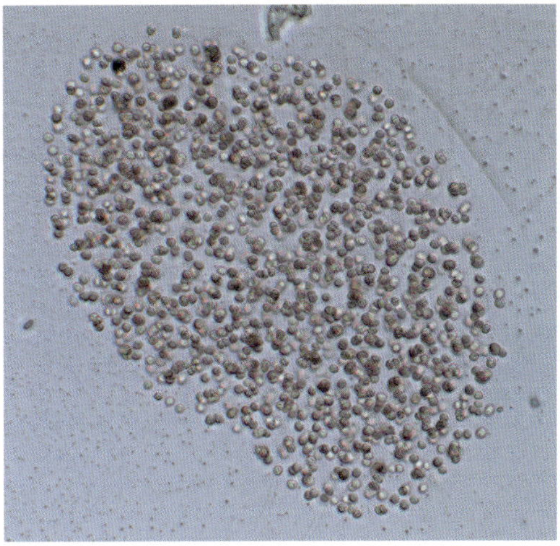

鱼害微囊藻 *Microcystis ichthyoblabe*

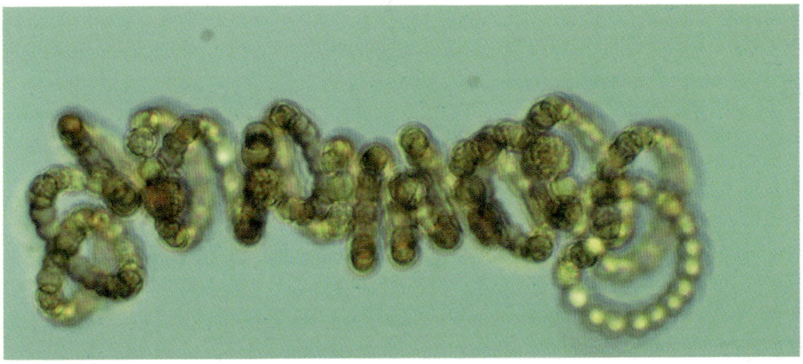

卷曲长孢藻 *Dolichospermum circinale*

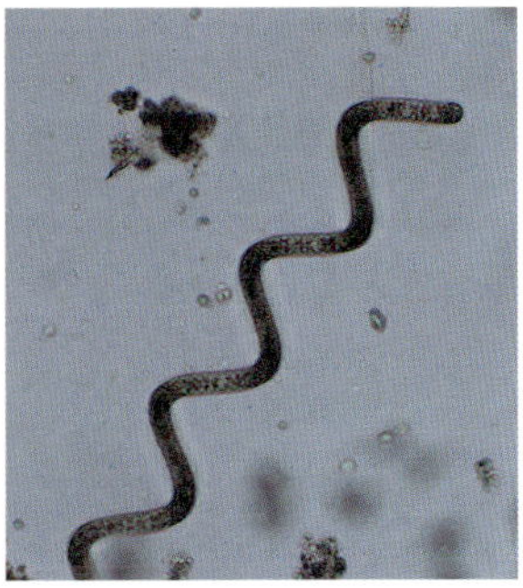

细微螺旋藻 *Spirulina sublitissima*

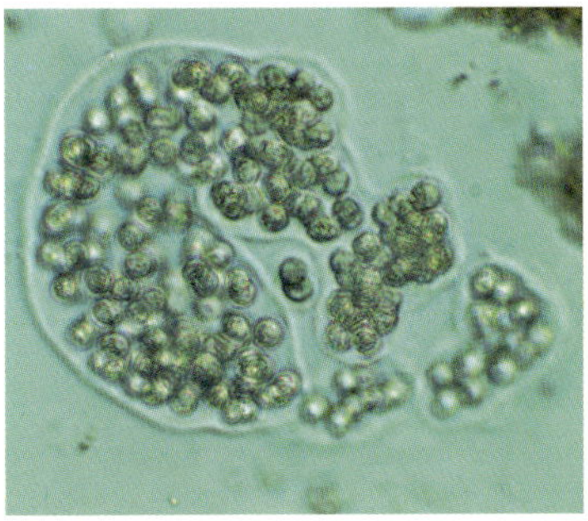

惠氏微囊藻 *Microcystis wesenbergii*

浮游长孢藻 *Dolichospermum planctonicum*

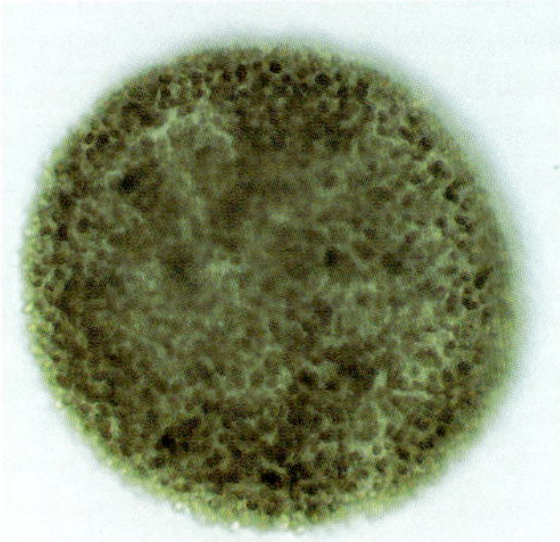

史密斯微囊藻 *Microcystis smithii*

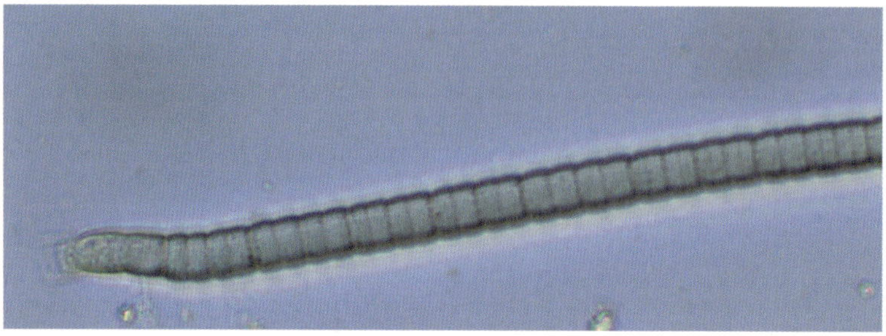

易变颤藻 *Oscillatoria proteus*

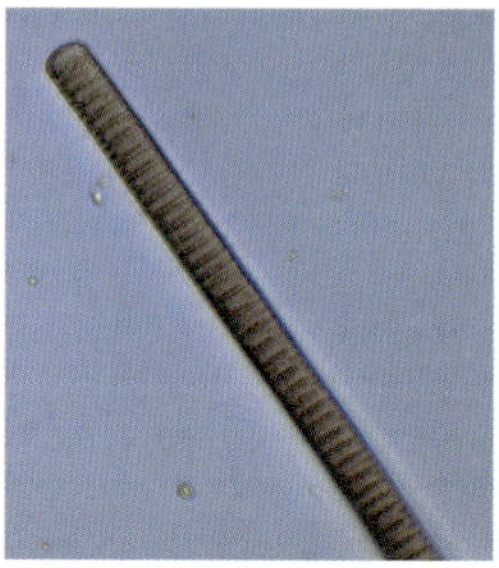

泥泞颤藻 *Oscillatoria limosa*

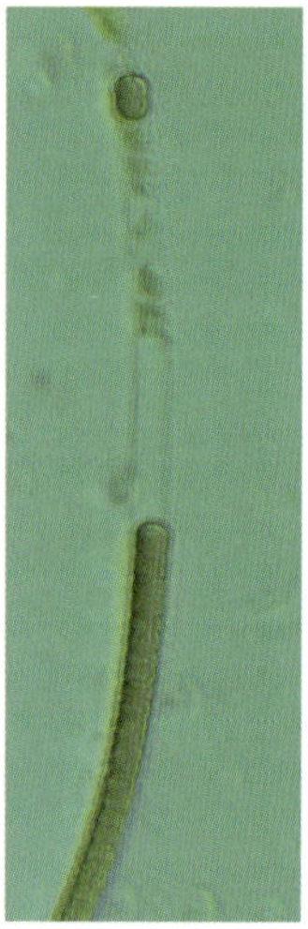

胶质席藻 *Phormidium gelatinosum*

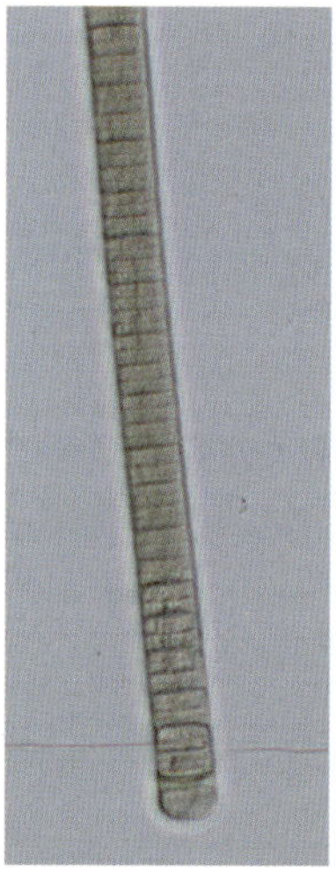

喜碳颤藻 *Oscillatoria carboniciphila*

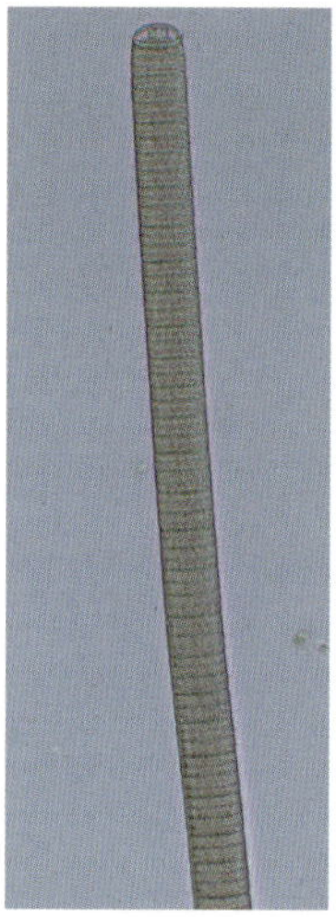

头冠颤藻 *Oscillatoria sancta*

小颤藻 *Oscillatoria tenuis*

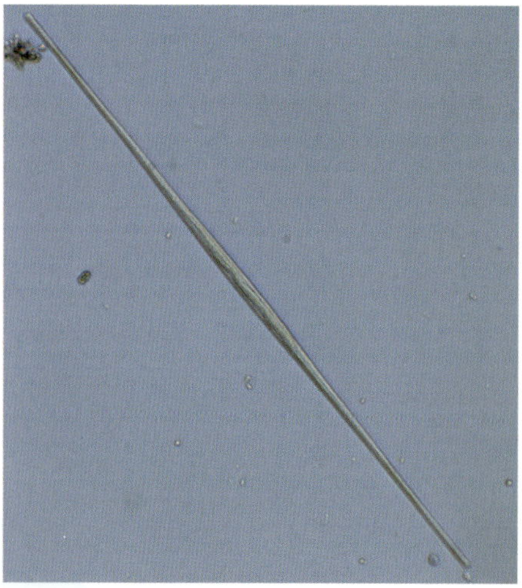

尖针杆藻 *Synedra acus*

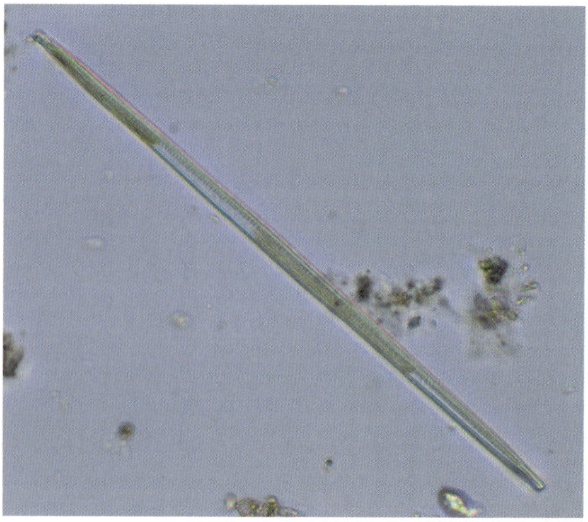

双头针杆藻 *Synedra amphicephala*

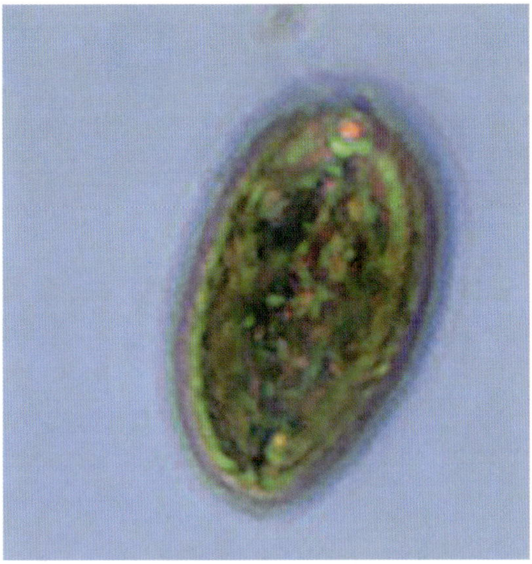

卵形隐藻 *Cryptomonas ovata*

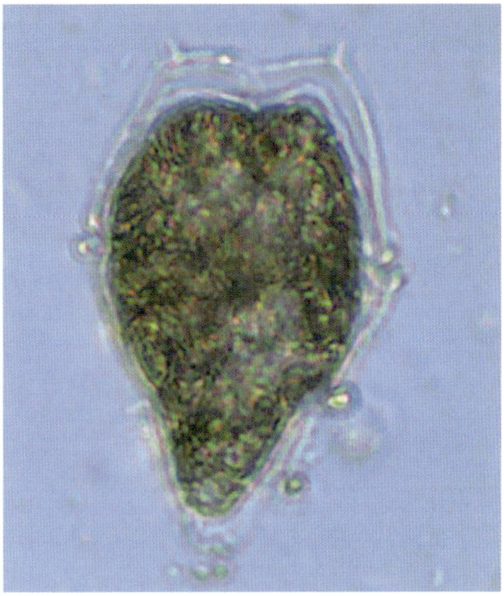

四齿薄甲藻 *Glenodinium quadridens*

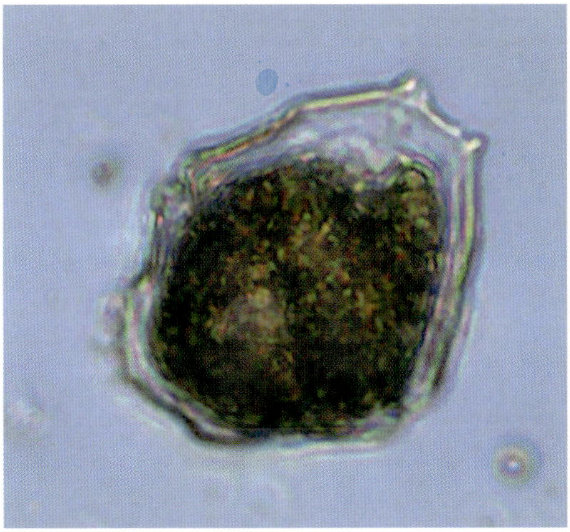

二角多甲藻 *Peridinium bipes*

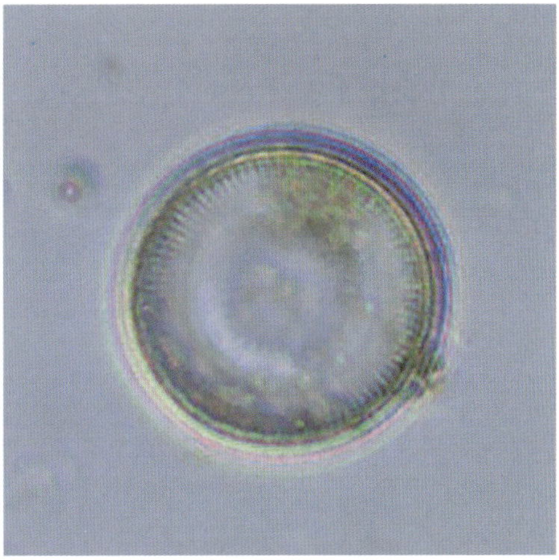

星肋小环藻 *Cyclotella asterocostata*（2）

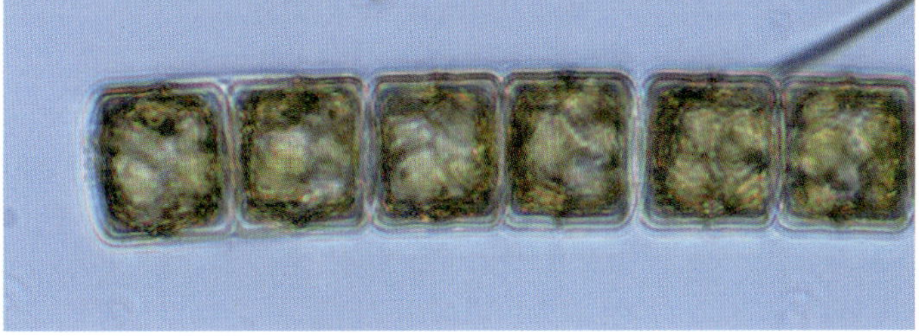

波形直链藻 *Melosira undulata*

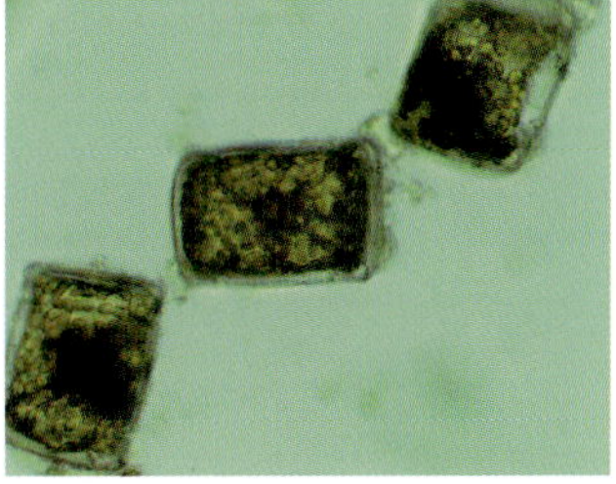

光滑侧链藻 *Pleurosira laevis*

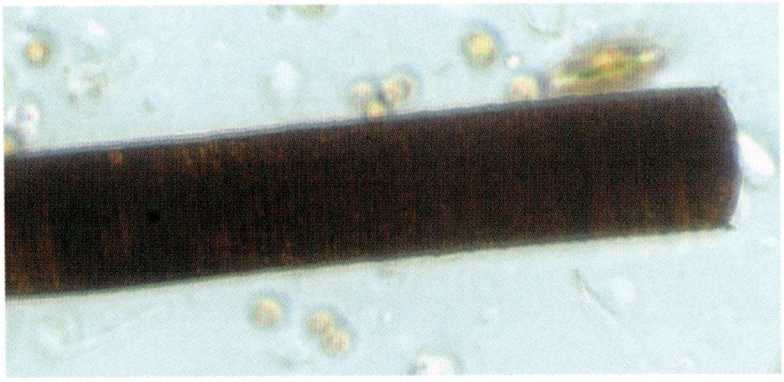

巨颤藻 *Oscillatoria prlnceps*

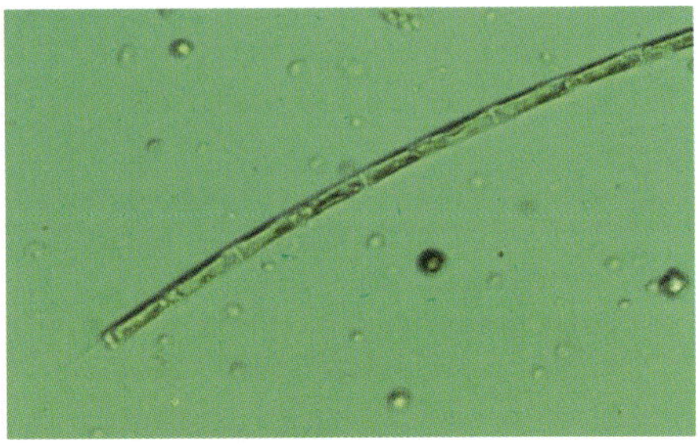

颗粒直链藻极窄变种
Melosira granulata var.*angustissima*

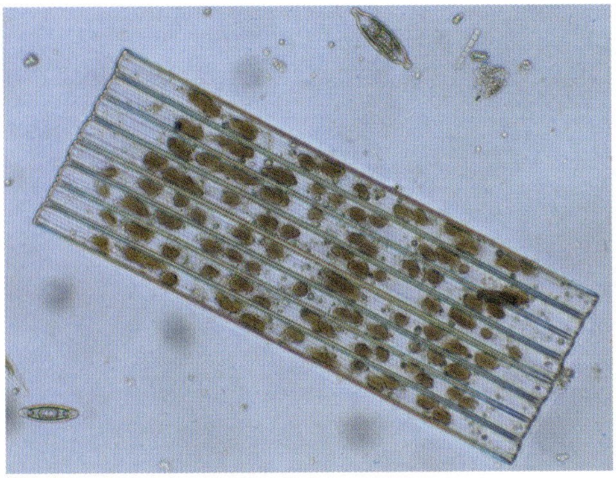

钝脆杆藻 *Fragilaria capucina*

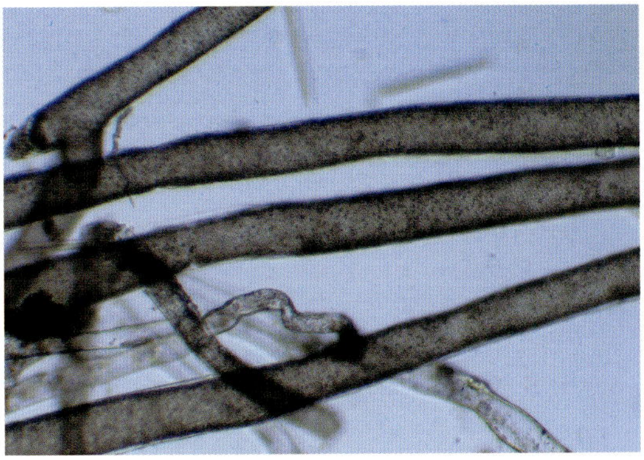

附生无隔藻 *Vaucheria rpens*

飞燕角甲藻 *Ceratium hirundinella*

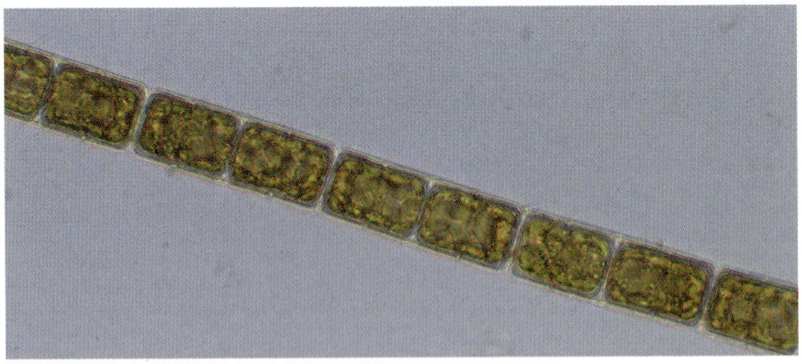

变异直链藻 *Melosira varians*

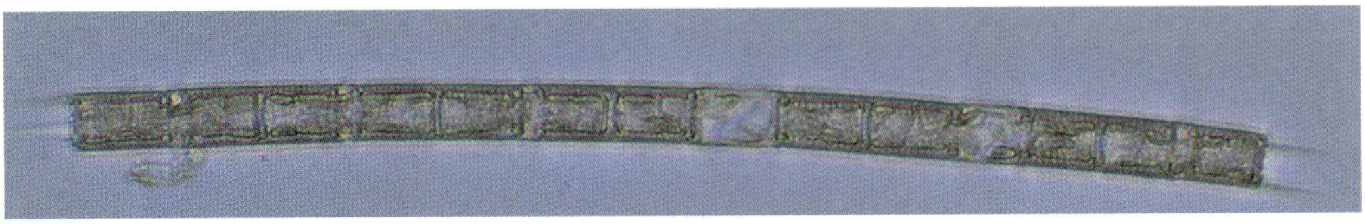

颗粒直链藻 *Melosira granulata*

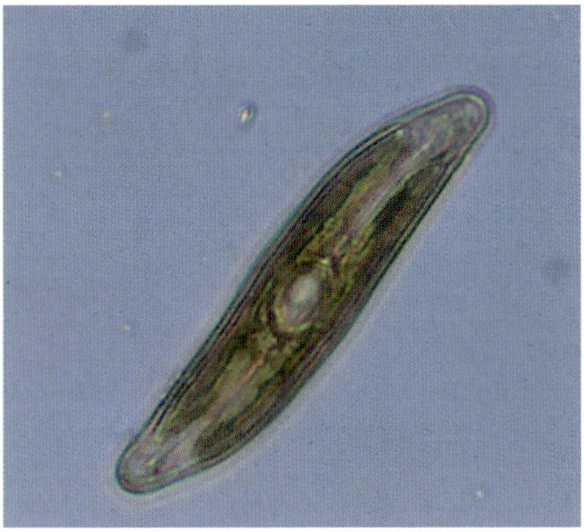

锉刀状布纹藻 *Gyrosigma scalproides*

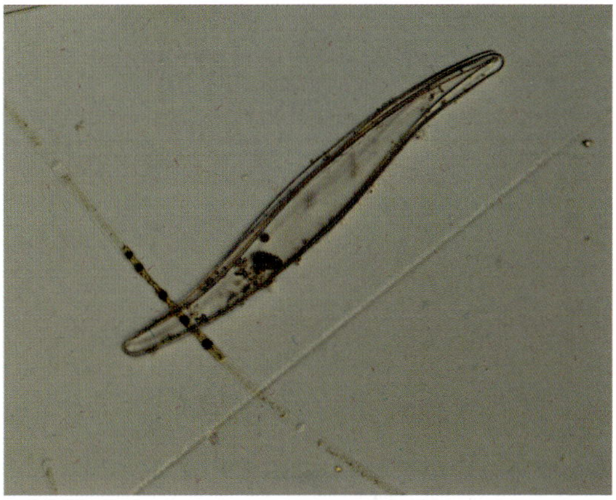

渐窄布纹藻 *Gyrosigma attenuatum*

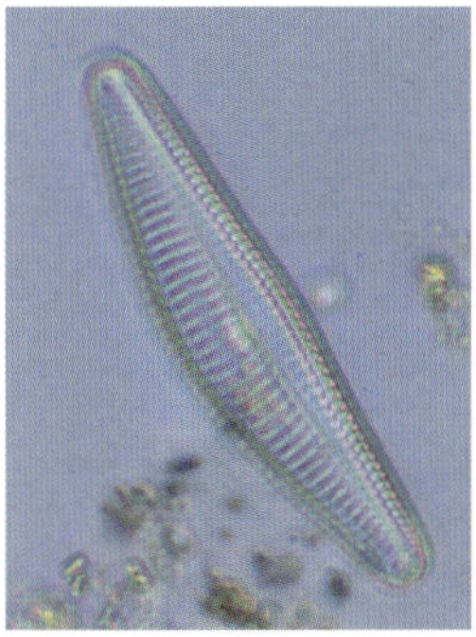

较大羽纹藻
Pinnularia major

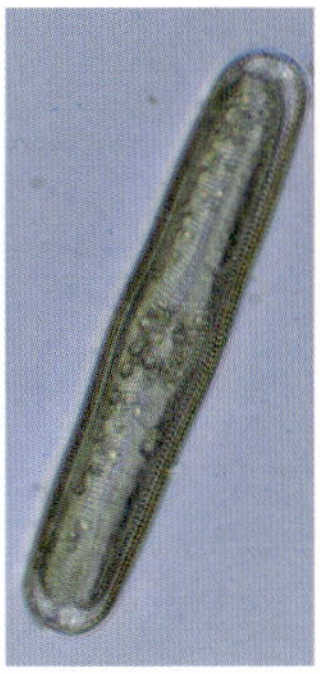

微细桥弯藻
Pinnularia major

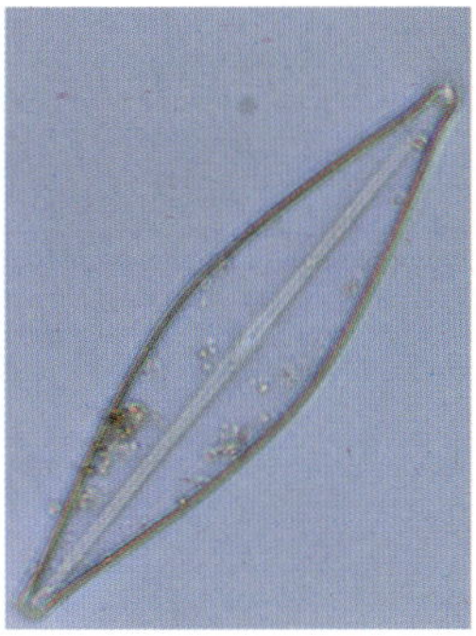

急尖舟形藻
Navicula cuspidata

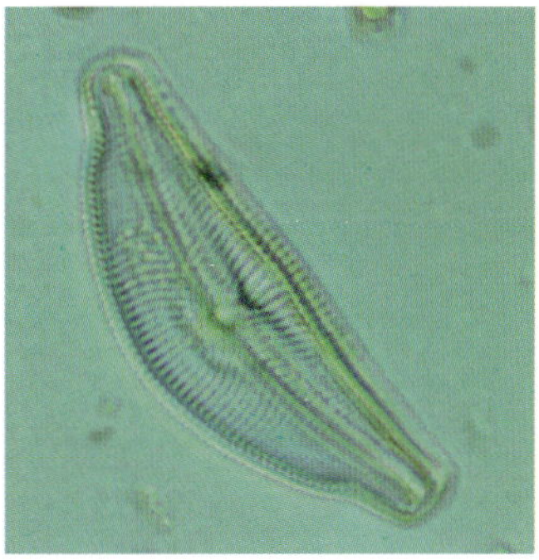

膨胀桥弯藻 *Cymbella tumida*

近缘桥弯藻 *Cymbella affinis*

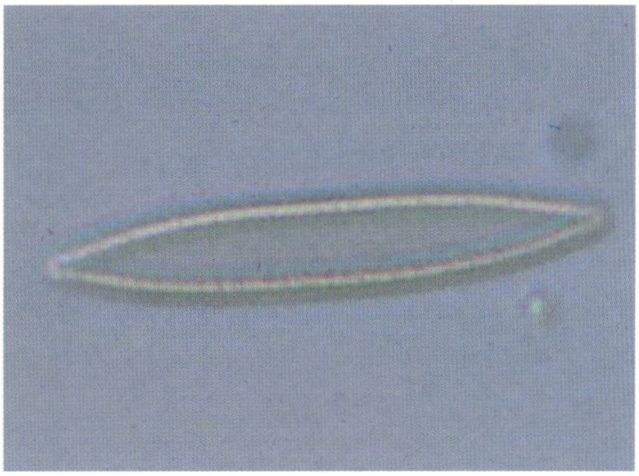

小碎片菱形藻 *Nitzschia frustulum*

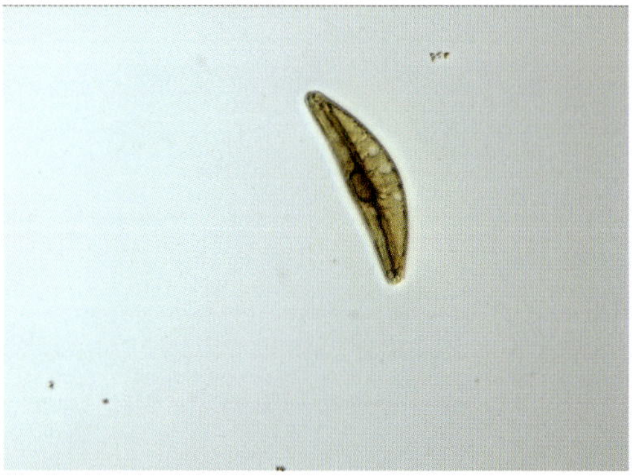

粗糙桥弯藻 *Cymbella aspera*

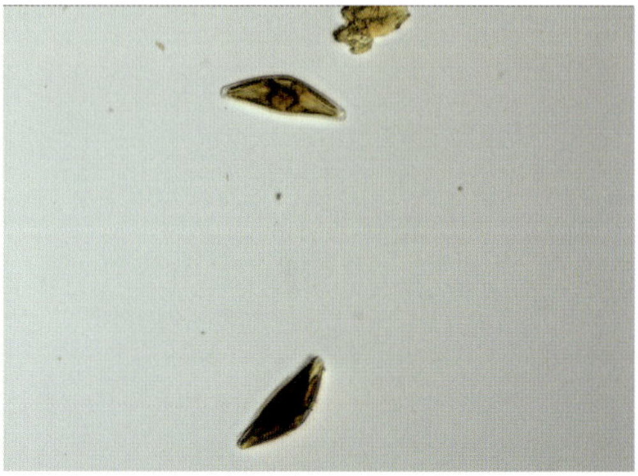

箱形桥弯藻 *Cymbella cistula*

弯曲形菱形藻 *Nitzschia sigmoidea*

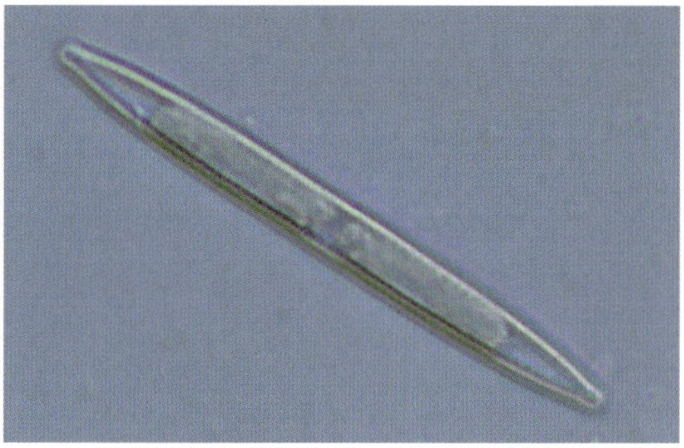

小头端菱形藻 *Nitzschia capitellata*

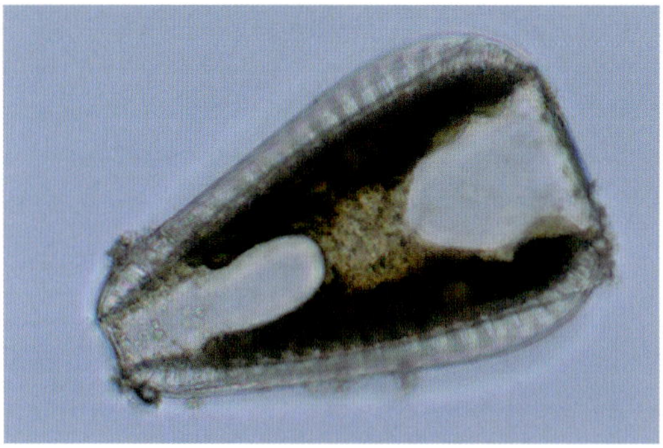

椭圆双菱藻 *Surirella matopieura*

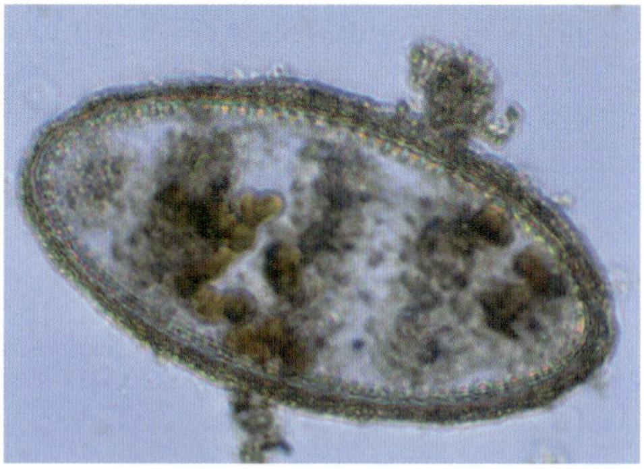

椭圆波缘藻 *Cymatopleura elliptica*

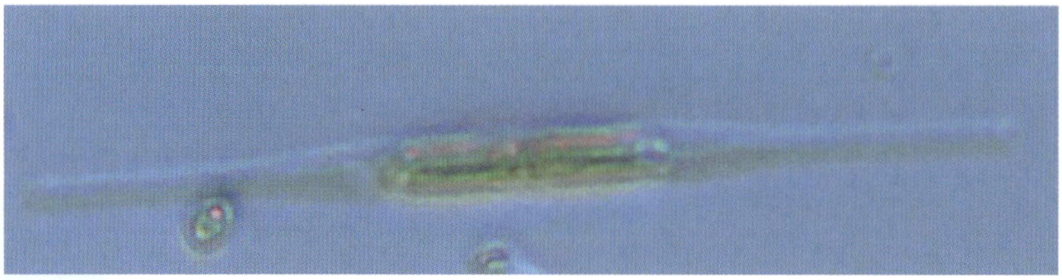

针形菱形藻 *Nitzschia acicularis*

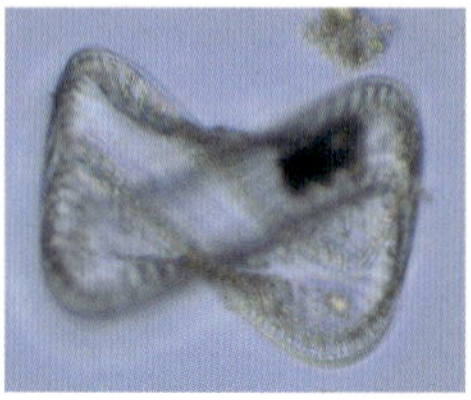

螺旋双菱藻 *Surirella spiralis*

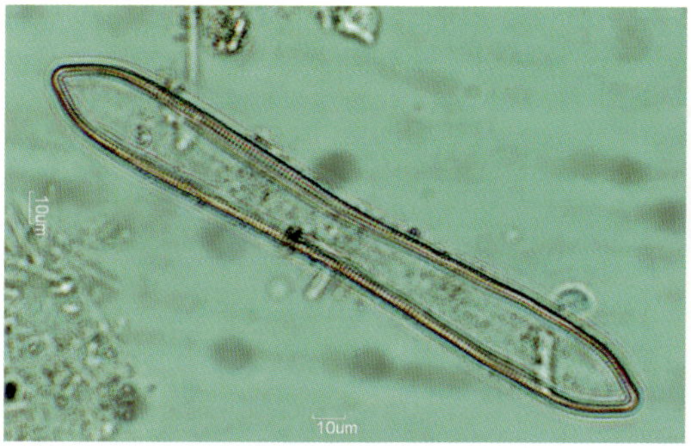

草鞋形波缘藻 *Cymatopleura solea*

粗壮双菱藻 *Surirella robusta*

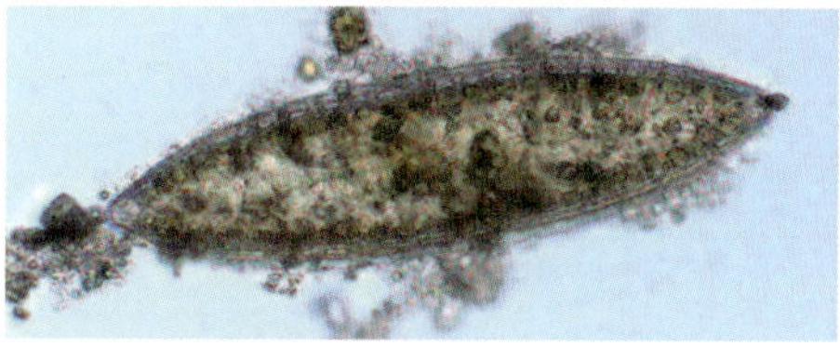

二列双菱藻 *Surirella biseriata*

附生裸藻 *Euglena adhaerens*

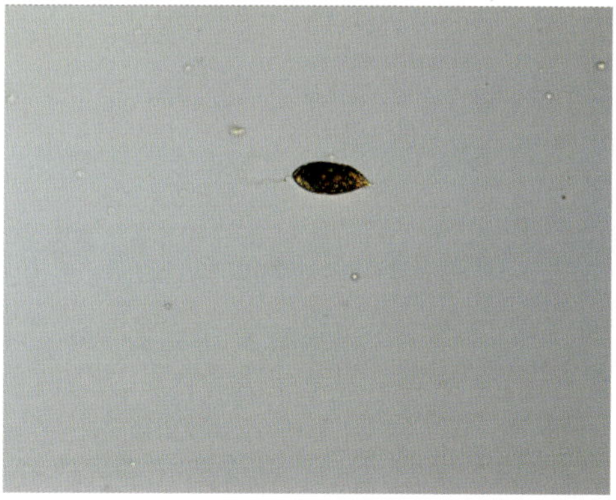

绿裸藻 *Euglena viridis*

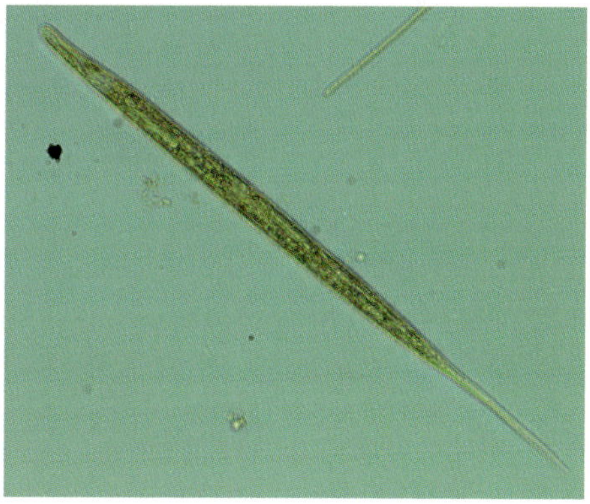

梭形裸藻 *Euglena acus*

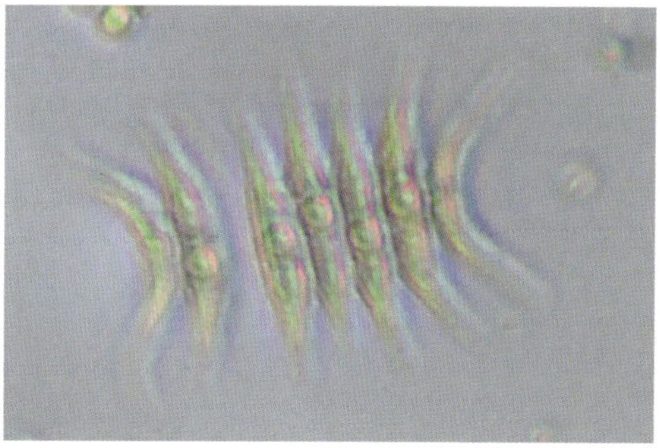

尖细栅藻 *Scenedesmus acuminatus*

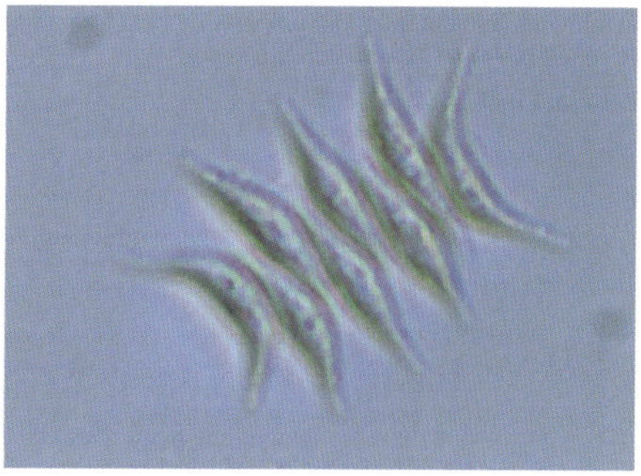

二形栅藻 *Scenedesmus dimorphus*

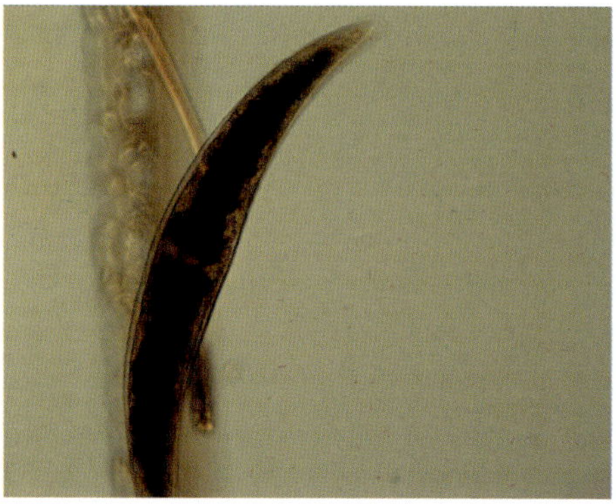

项圈新月藻 *Closterium moniliforum*

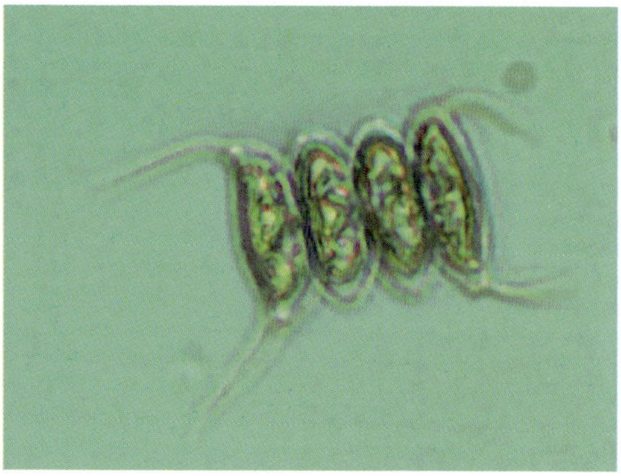

四尾栅藻 *Scenedesmus quadricauda*

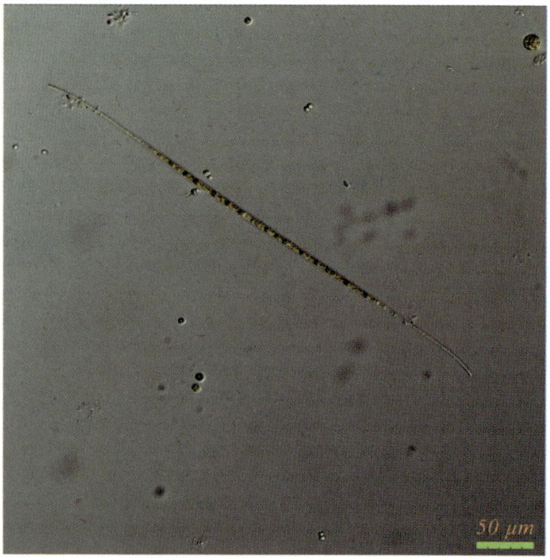

纤细新月藻 *Closterium gracile*

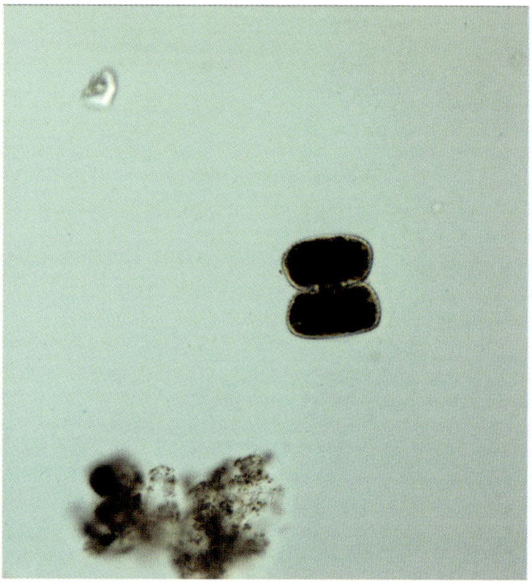

扁鼓藻 *Cosmarium depressum*

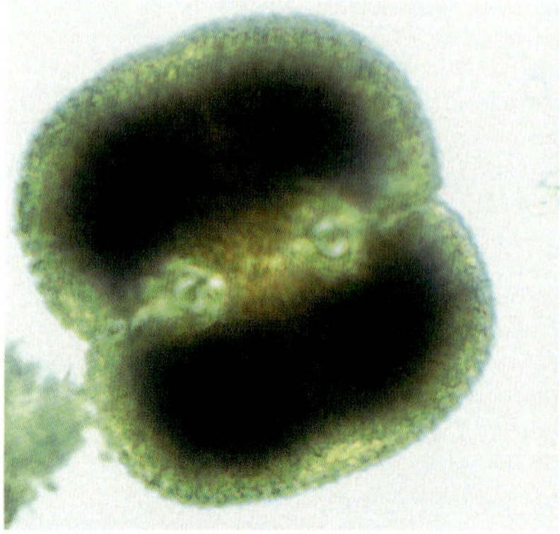

方鼓藻 *Cosmarium quadrum*

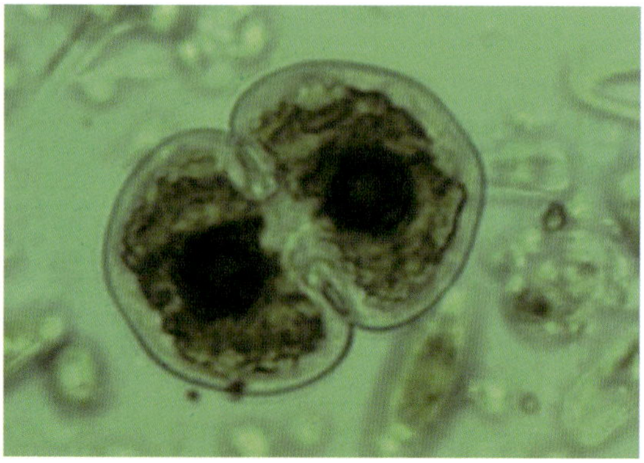

厚皮鼓藻 *Cosmarium pachydermun*

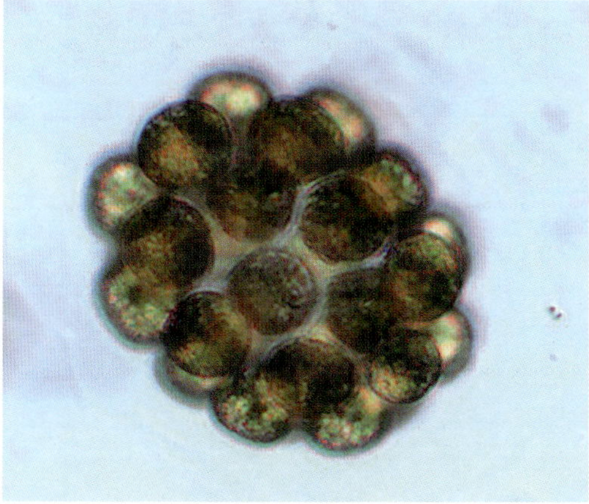

实球藻 *Phacus morum*

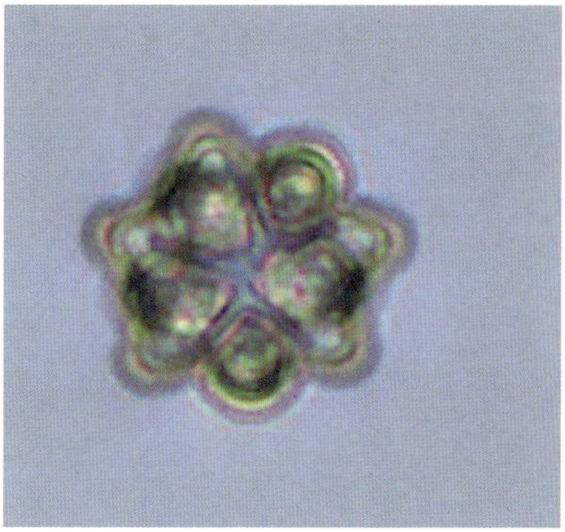

小空星藻 *Coelastrum microporum*

双射盘星藻 *Pediastrum biradiatum*

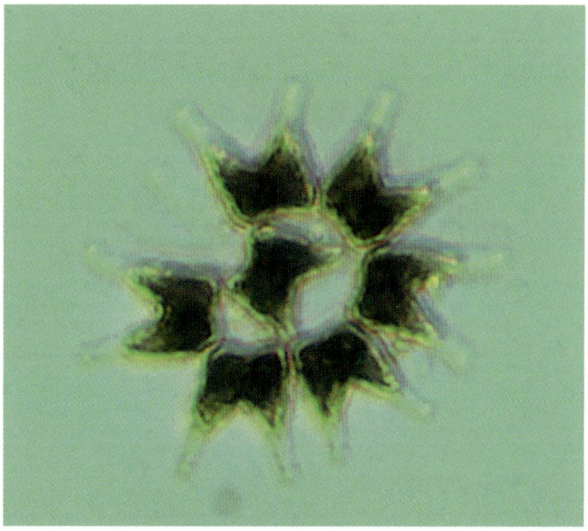

二角盘星藻 *Pediastrum duplex*

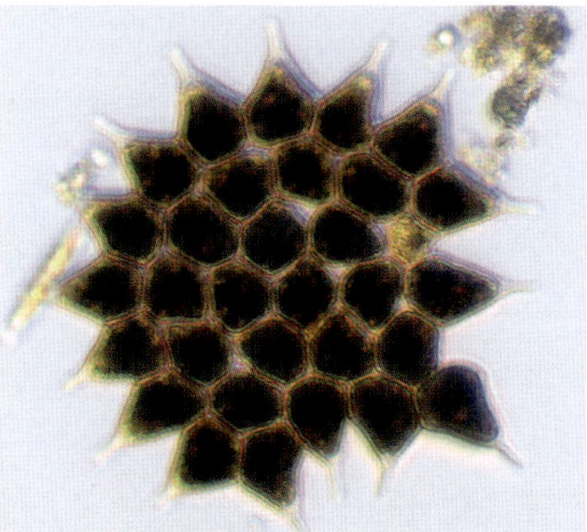

单角盘星藻 *Pediastrum simplex*

单角盘星藻具孔变种 *Pediastrum simplex* var. *duodenarium*

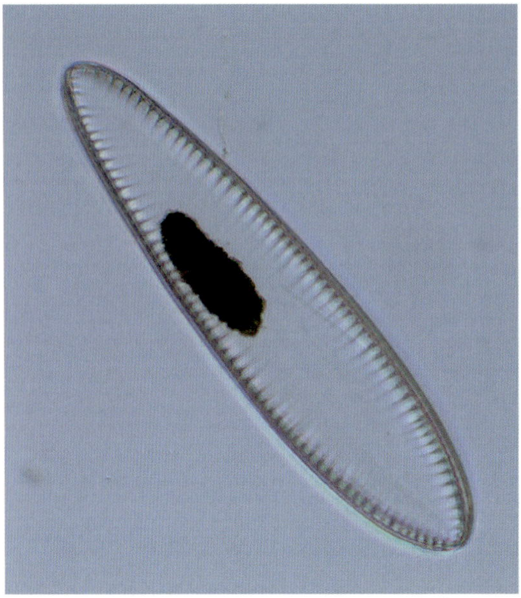

柔弱双菱藻 *Surirella tenera*

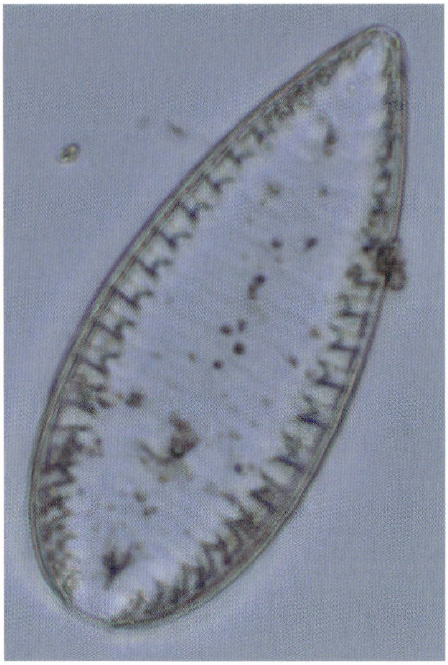

端毛双菱藻 *Surirella capronii*

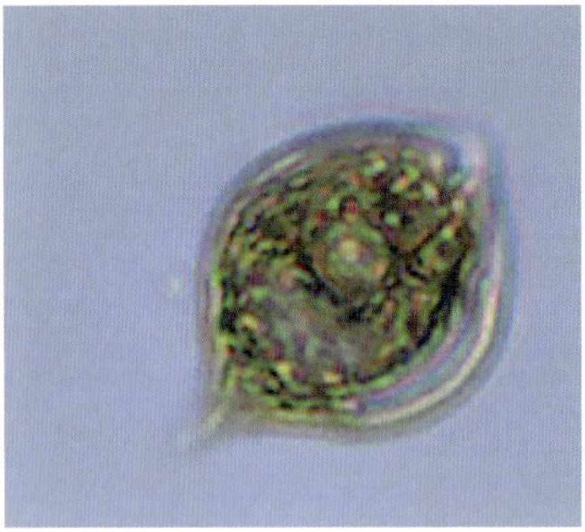

尖尾扁裸藻 *Phacus acuminatus*

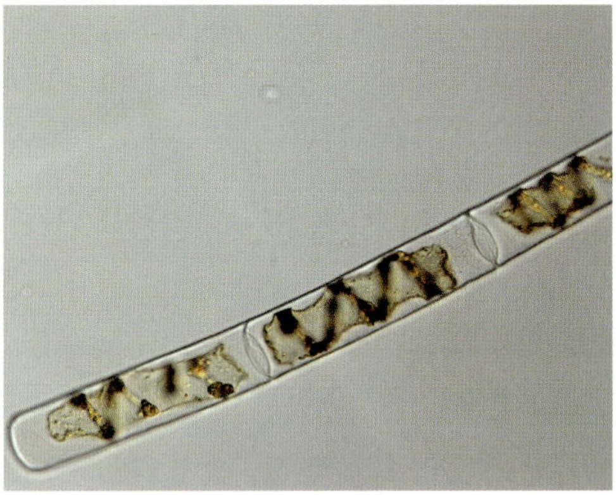

水绵 *Spirogyra* sp.

鱼类

食蚊鱼 *Gambusia affinis*

大鳞副泥鳅 *Paramisgurnus dabryanus*

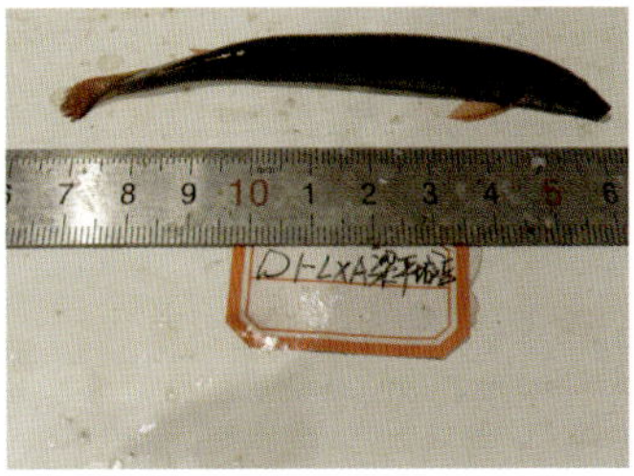

泥鳅 *Misgurnus anguillicaudatus*

鳊 *Parabramis pekinensis*

达氏鲌 *Culter dabryi dabryi*

蒙古鲌 *Culter mongolicus*

翘嘴鲌 *Culter alburnus*

贝氏䱗 *Hemiculter bleekeri*

䱗 *Hemiculter leucisculus*

张氏䱗 *Hemiculter tchangi*

厚颌鲂 *Megalobrama pellegrini*

团头鲂 *Megalobrama amblycephala*

黑尾近红鲌 *Ancherythroculter nigrocauda*

飘鱼 *Pseudolaubuca sinensis*

似鳊 *Pseudobrama simoni*

红鳍原鲌 *Cultrichthys erythropterus*

马口鱼 *Opsariichthys bidens*

黄尾鲴 *Xenocypris davidi*

圆吻鲴 *Distoechodon tumirostris*

棒花鱼 *Abbottina rivularis*

花䱻*Hemibarbus maculatus*

麦穗鱼 *Pseudorasbora parva*

黑鳍鳈 *Sarcocheilichthys nigripinnis*

华鳈 *Sarcocheilichthys sinensis*

蛇鮈*Saurogobio dabryi*

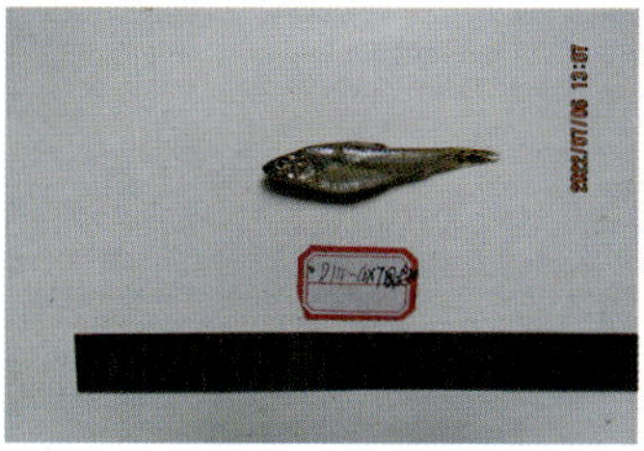

点纹银鮈*Squalidus wolterstorffi*

银鮈*Squalidus argentatus*

鲫 *Carassius auratus*

鲤 *Cyprinus carpio*

鲢 *Hypophthalmichthys molitrix*

鳙 *Aristichthys nobilis*

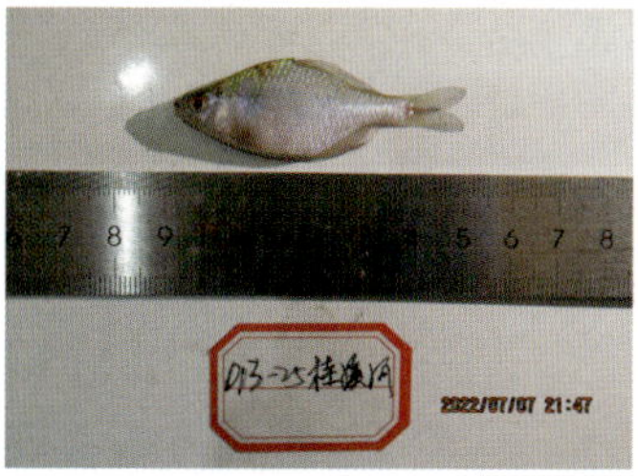

高体鳑鲏 *Rhodeus ocellatus*

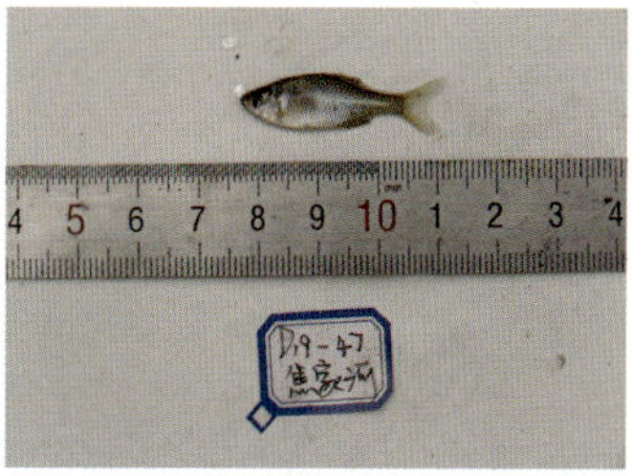

中华鳑鲏 *Rhodeus sinensis*

大鳍鱊 *Acheilognathus macropterus*

兴凯鱊 *Acheilognathus chankaensis*

草鱼 *Ctenopharyngodon idella*

麦瑞加拉鲮 *Cirrhinus mrigala*

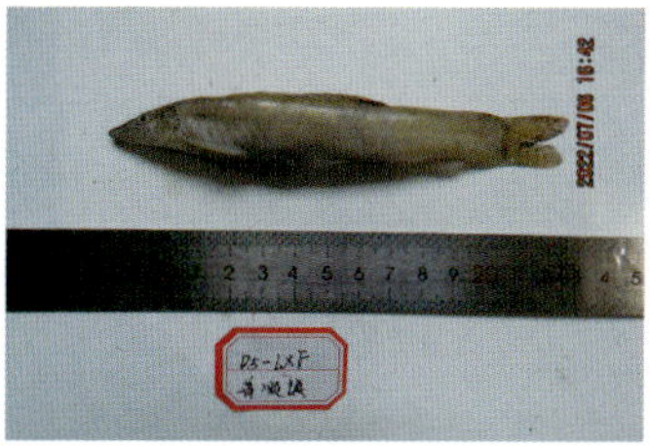

双斑副沙鳅 *Parabotia bimaculata*

乌鳢 *Channa argus*

小黄黝鱼 *Micropercops swinhonis*

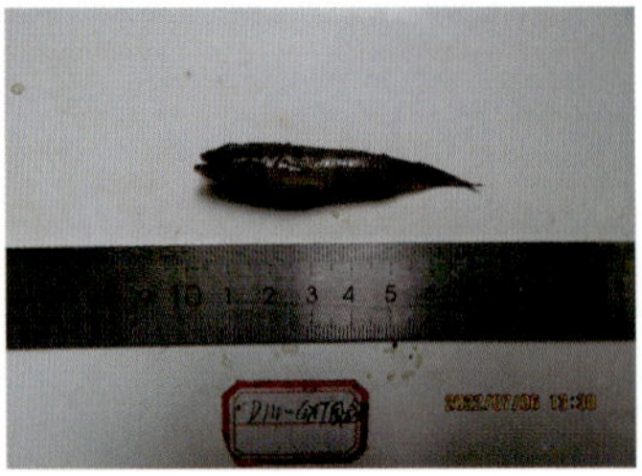
波氏吻虾虎鱼 *Rhinogobius cliffordpopei*

子陵吻虾虎鱼 *Rhinogobius giurinus*

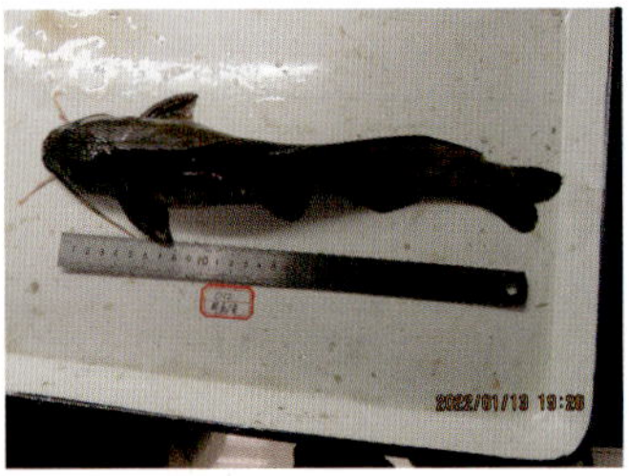
大鳍鳠 *Mystus macroplerus*

黄颡鱼 *Pelteobagru fulvidraco*

瓦氏黄颡鱼 *Pelteobagrus vachelli*

长须拟鲿 *Pelteobagrus eupogon*

短尾拟鲿 *Pseudobagrus brericaudatus*

钝吻拟鲿 *Pseudobagrus crassirostris*

鲇 *Silurus asotus*

着生藻类

泥泞颤藻 *Oscillatoria limosa*

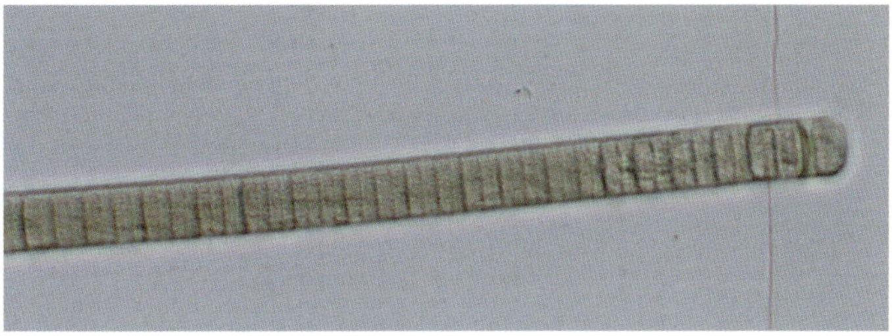

喜碳颤藻 *Oscillatoria carboniciphila*

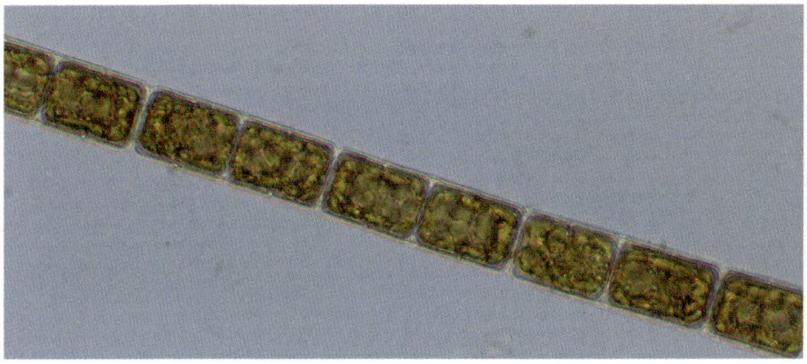

变异直链藻 *Melosira varians*

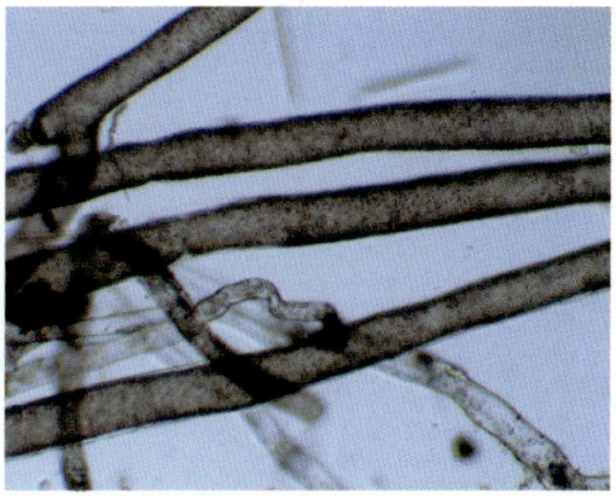

附生无隔藻 *Vaucheria rpens*

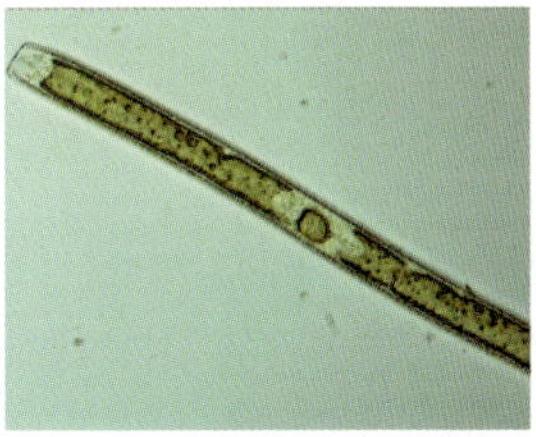

拟螺旋菱形藻
Nitzschia sigmoidea

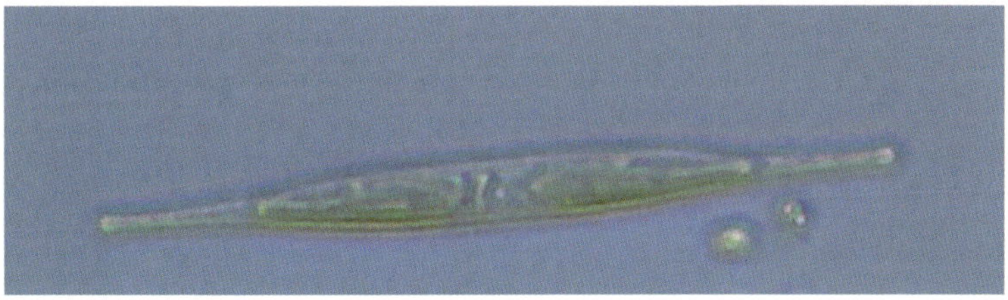

针形菱形藻 *Nitzschia acicularis*

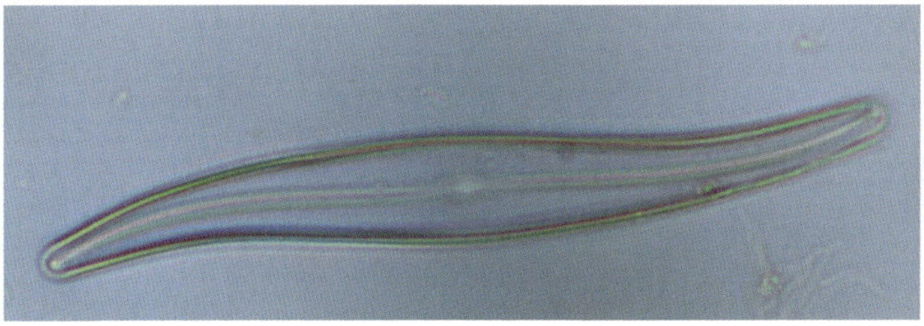

库津布纹藻 *Gyrosigma kuetzingii*

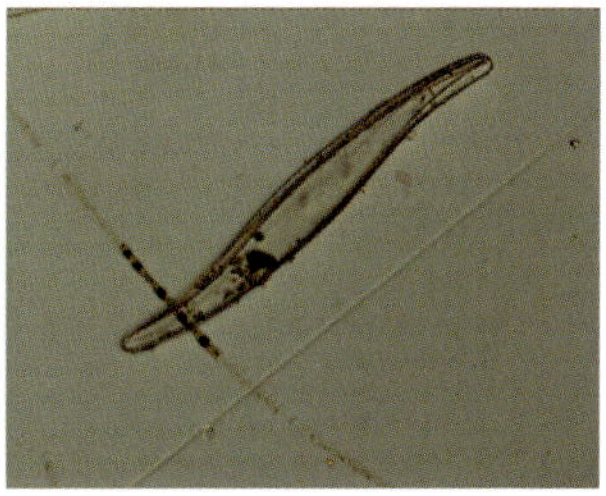

渐窄布纹藻 *Gyrosigma attenuatum*

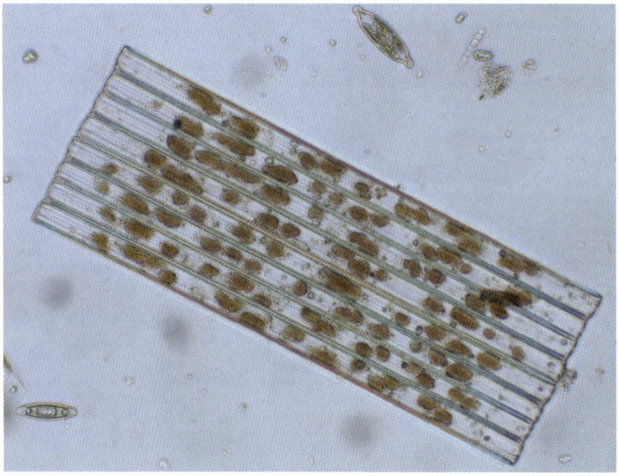

钝脆杆藻 *Fragilaria capucina*

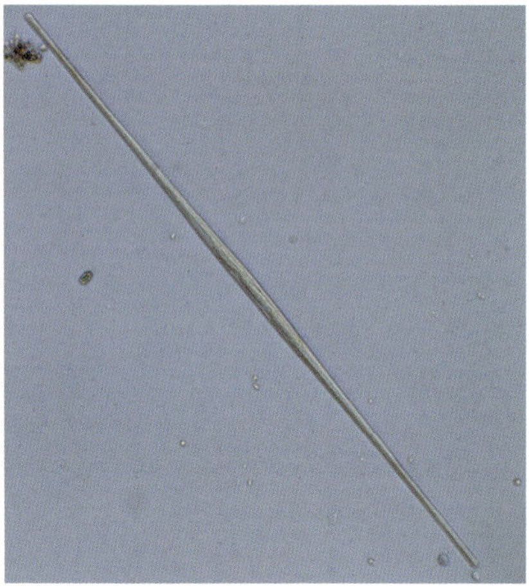

尖针杆藻 *Fragilaria acusvar*

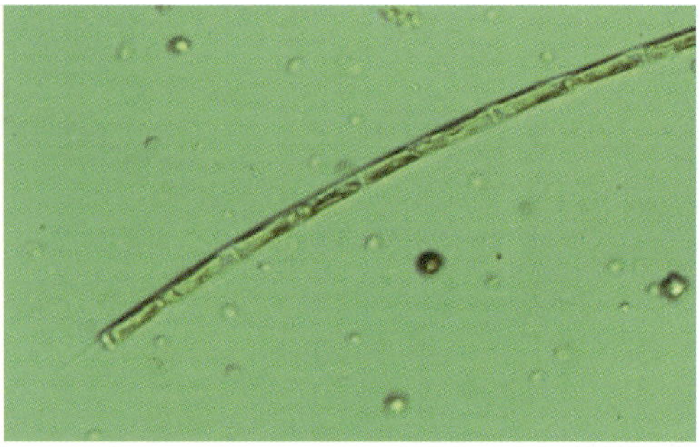

颗粒直链藻极窄变种
Melosira granulata var.*angustissima*

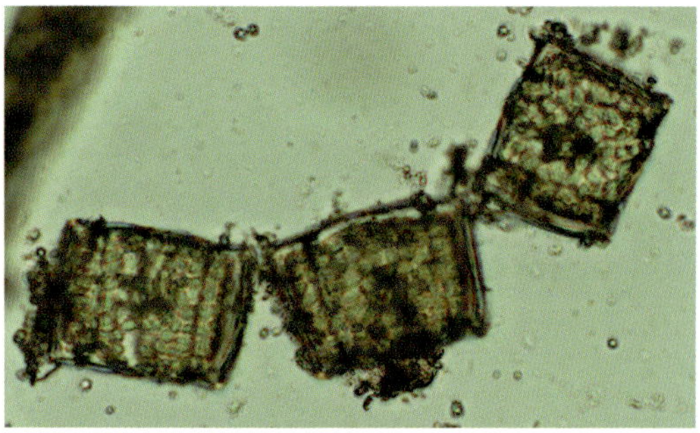

光滑侧链藻 *Melosira laevis*

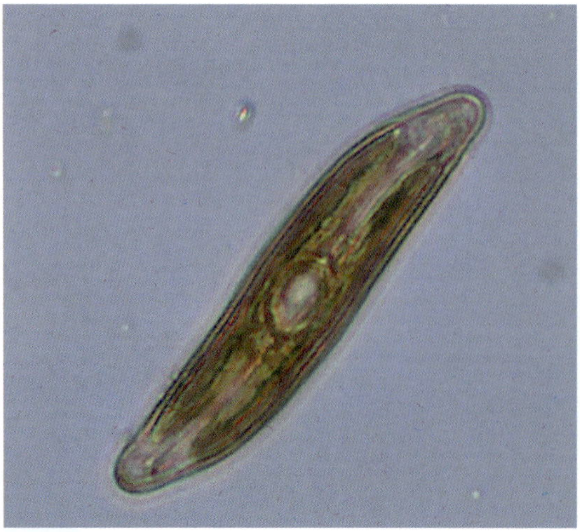

锉刀状布纹藻 *Gyrosigma scalproides*

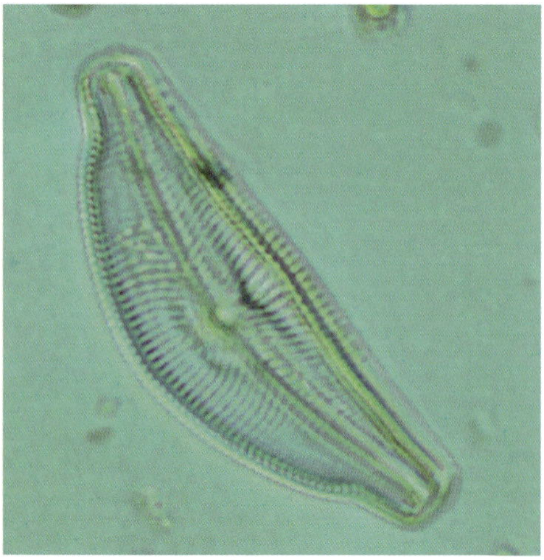

膨胀桥弯藻 *Cymbella tumida*

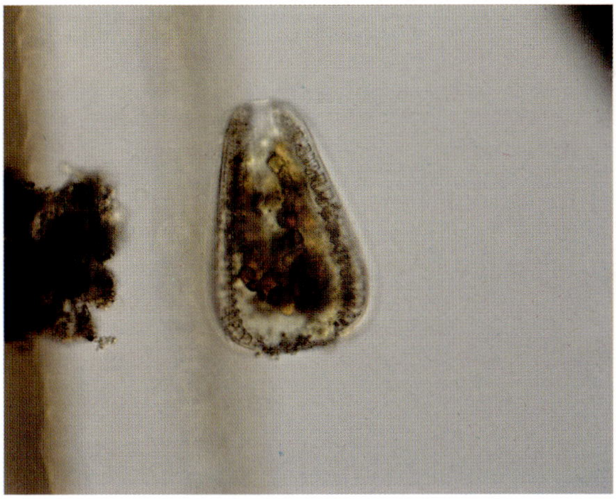

粗壮双菱藻 *Surirella robusta*

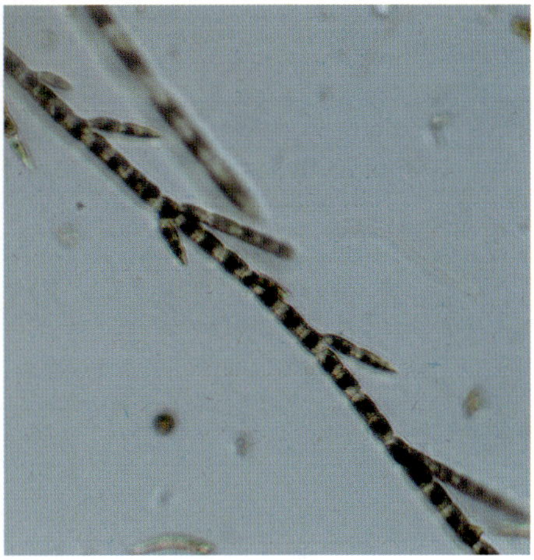

小毛枝藻 *Stigeoclonium tenue*

近缘桥弯藻 *Cymbella affinis*

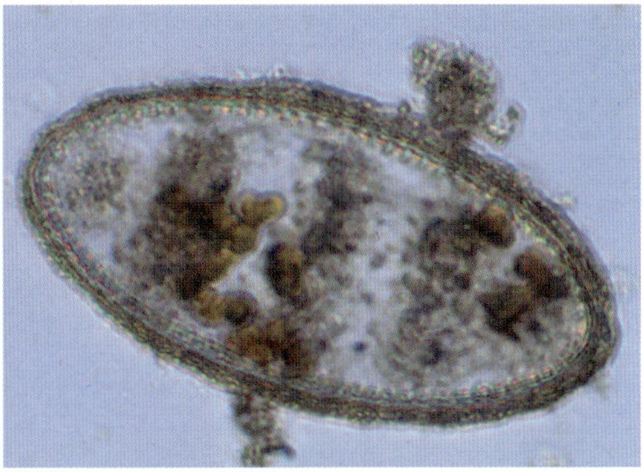

椭圆形波缘 *Cymatopleura elliptica*

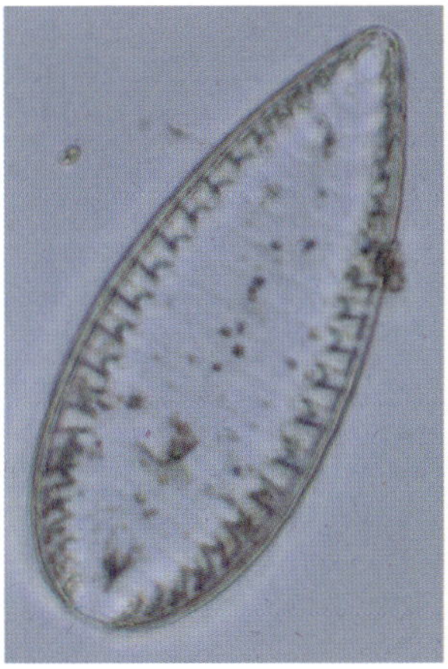

端毛双菱藻 *Surirella capronii*

新月形桥弯藻 *Cymbella cymbiformis*

近棒形异极藻 *Gomphonema subclavatum*

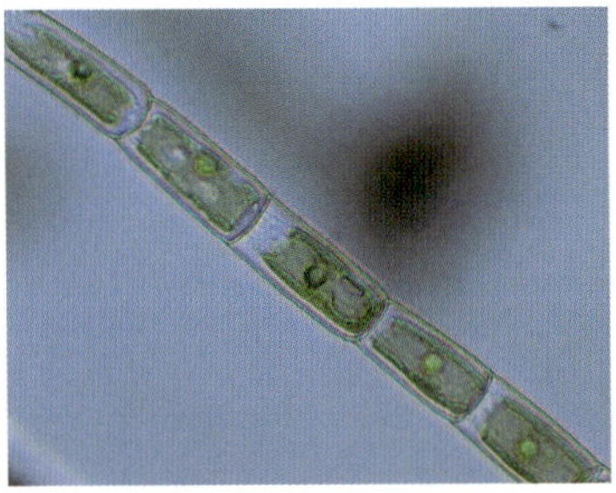

鞘藻 *Oedogonium* sp.

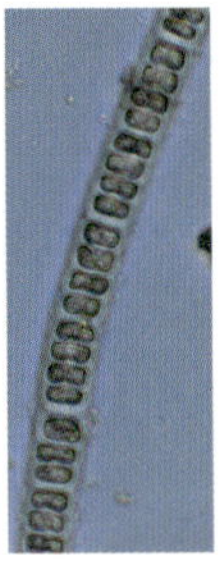

环丝藻
Ulothrix zonata

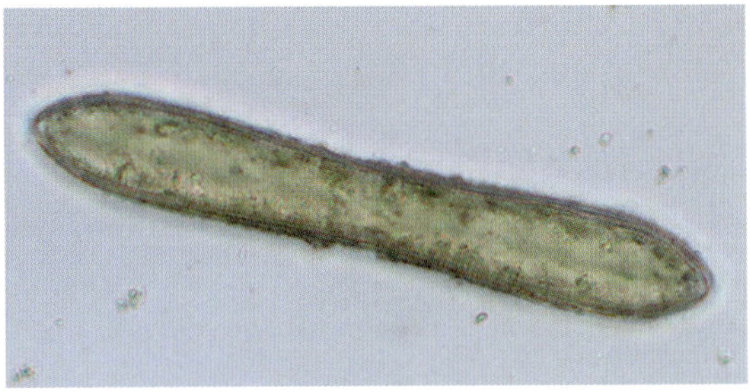

草鞋形波缘藻 *Cymatopleura solea*

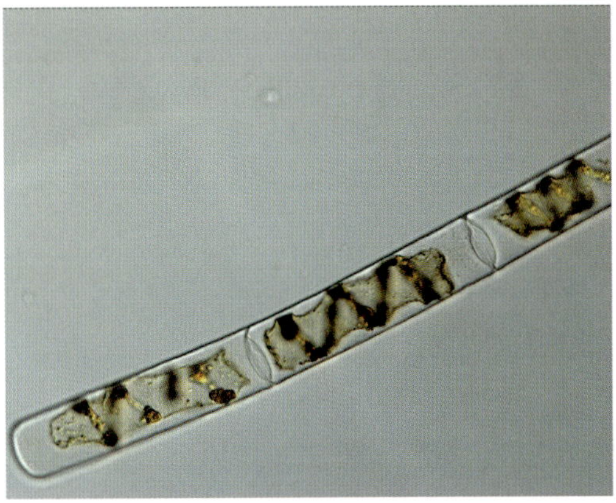

水绵 1 *Spirogyra* sp.

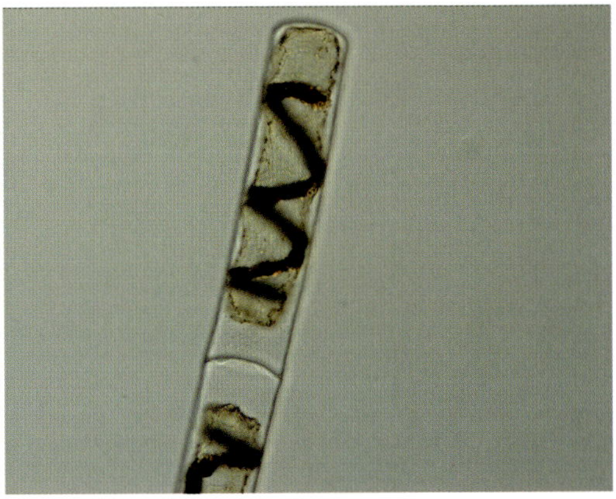

水绵 2 *Spirogyra* sp.

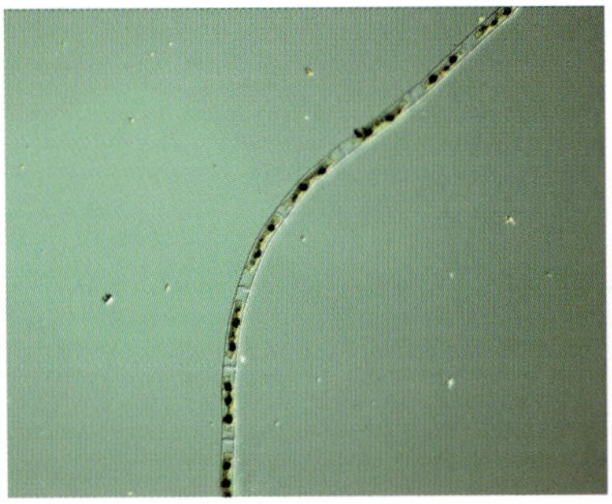

转板藻 *Mougeotia* sp.

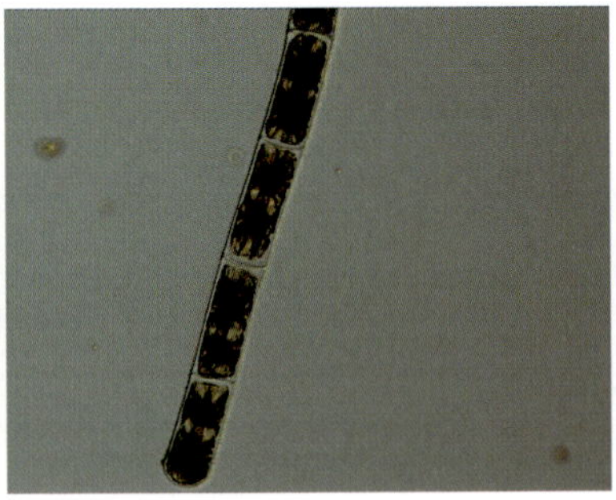

双星藻 *Zygnema* sp.

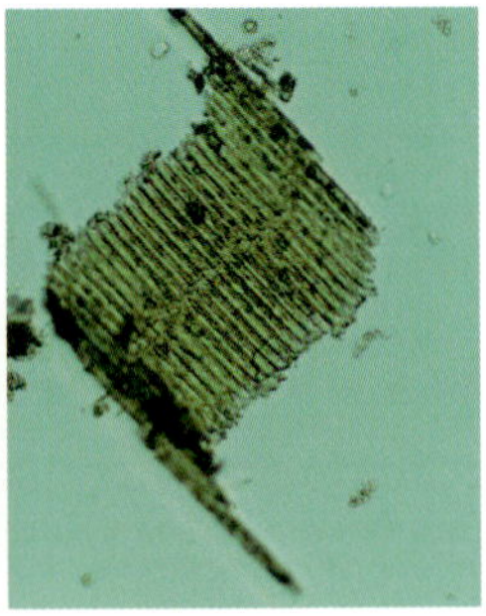

奇异菱形藻
Nitzschia paradoxa